FOOD DICTIONARY

Sophistication and Knowledge of Food
for Gourmand.
The Pleasures of the Table!

西餐

The Basic of

YOSHOKU

日本枻出版社 编著

王 岩 译

U0336169

南海出版公司

2018 · 海口

CONTENTS

FOOD DICTIONARY | YOSHOKU

008 遇见一品美食

034 西餐的关键，在于酱汁的制作

CONTENTS

跟着名店学

054 经典西餐的制作方法

西餐，
是日本人热情与创意的结晶

虽然"西餐"中有表示西方的"西"字，但实际上西餐在日本是独特的饮食文化。

传到日本的西洋料理在日本人的创意与热情之下取得了长足的发展，成为了一种特别的存在。

一道道一品美食既带有西方洋气感觉，又不乏日本乡土气息。

可能正是这两种截然不同的感觉在深深吸引着我们。

去感受"不论是谁，尝上一口后都会笑逐颜开"的那种西餐的精髓吧。

遇见一品美食

自日本明治维新以来的150年间，一品美食是日本引以为豪的西餐文化中的最高峰。让我们走近去了解其文化，体味一道道一品美食。

Restaurant

01

【东京·浅草】

大宫餐厅

レストラン 大宮

滋味美妙的蛋包饭

集西餐精华于一身

"蛋包饭（1850日元）"仅在新丸大楼店有售。蔬菜肉酱汁、贝夏美酱汁、番茄酱汁搭配口感爽滑的鸡蛋，滋味无比曼妙。

上榜理由

万能长柄平底煎锅可将食材的美味发挥至极致

主厨可单手自如使用的铸铁长柄平底煎锅，煎、煮、炸、炒，无所不能。可最大限度地发挥出食材本身的鲜美滋味。

牛舌经 6 个小时的炖制十分松软

"炖牛舌佐马德拉酱汁（2850 日元）"浇入由特制蔬菜肉酱、红葡萄酒、马德拉白葡萄酒调制而成的酱汁食用。

入口即化的炖牛舌

FOOD DICTIONARY

YOSHOKU

延守优良传统、创新西餐美食

　　"大宫餐厅"虽然位于老字号西餐厅鳞次栉比的浅草，却俘获了一众美食家。店主兼主厨大宫胜雄从18岁开始从事餐饮业，在法国料理店和新西兰酒店历经磨练后，遍访欧洲各国学习地方菜的制作方法。"在法国里昂尝过当地的家常菜，被其质朴的美味所打动。将此美味改良呈现给日本人怎么样"，受此启发于故乡浅草开设了"大宫餐厅"。同时，大宫胜雄主厨作为铁锅专家也广为人知。

　　正因为大宫胜雄主厨主打的菜品是经典款，所以其不怠研究，不单凭食材，

"蒸烤鸡肉佐粗粒芥末酱（浅草店 1800 日元、新丸大楼店 2050 日元）"为三星主厨亲传菜品。

而是通过厨艺制作"新标准西餐"。在向制作传统西餐的前辈致敬的同时，向新西餐的标准发起了挑战。

"不论是得到客人'太好吃了'的好评时，还是创新菜品时，我都十分高兴。尤其是得到一向对味道十分挑剔的熟客'很好吃'的认可时，更会感到万分欣喜。"

柜台座是厨房前面的特等座。

Data
地址／东京都台东区浅草 2-1-3
☎ 03-3844-0038
营业时间／11:30 ～ 14:00（点餐截止）、17:30 ～ 20:30（点餐截止）
周日、节假日 11:30 ～ 14:30（点餐截止）、17:00 ～ 20:00（点餐截止）
公休日／周一

大宫主厨说："铜制平底锅的使用和保养十分重要。"

店内的设计让人有一种置身于欧洲小镇雅致餐厅中的感觉，真的是一方可让人神游的好去处。套餐最低价为4500 日元。

【东京·南大井】

入舟铺席西餐

お座敷洋食 入舟

对食材的追求和坚持

坚持选用新喀里多尼亚产的"天使虾",天使虾十分新鲜,可生食。除此之外,还坚持选用岩手县产的岩中猪肉和三重县产的和牛的小腿肉等优质食材。

FOOD DICTIONARY | YOSHOKU

为花柳界*所喜爱的老字号的美味

自家纯手工制作

最受欢迎的菜品，曾1天
售出200份。厨师引以为
豪的"香炸天使虾（1450
日元）"。

*编者注：日本艺伎行业
被称为"花柳界"。

肉味肥美香浓的"嫩煎野鸡肉（1400日元）"使用鸡腿肉制作而成。先慢慢煎制鸡皮一侧，在煎制另一侧时需多次用汤匙舀取油浇至鸡皮一侧，耐心煎制，直至鸡皮变得焦香松脆。

Data

地址／东京都品川区南大井 3-18-5
☎ 03-3761-5891
营业时间／11:30 ～ 14:00（点餐截
至 13:30）、17:00 ～ 21:00（点餐截
至 20:30）
公休日／周日、节假日不定期公休

1924 年开业，有历史的老字号西餐厅

　　"入舟铺席西餐"坐落于距京急电铁大森海岸站步行 5 分钟的住宅区中。于 1924 年开业，原本这一带作为花柳界终日人声鼎沸，商店街上中餐馆和日本料理店鳞次栉比、热闹非凡。开业伊始，这是一家非常洋气的西餐厅，而 90 多年后的今天，2 楼依然保留着彼时风情的铺席座。

　　大约 15 年前，年轻的第四代传人开始接手店铺

左）粘裹上一层
干干松松的面包
糠，炸出松脆口
感。鲜香四溢，
诱人食欲。
下）使用100%
色拉油。炸制用
油仅限当天使用。

家庭经营，温馨舒适。2楼有
弥漫日本大正时期浪漫风情的
铺席座和餐桌座。

现在，经营店铺的是第四代传人松尾信彦先生。

经营。在传承传统风味的同时，仍然不遗余力地坚持选材用料的标准。

"现在，不管是发现优质食材时，还是加工制作时我都十分开心。"

正满脸笑意聊着的店主，每天早上都会亲自去筑地心挑选优质食材。对食材精益求精的历任店主的得意之作就是香炸鲜虾。使用的食材为食用100%纯天然饵料、在自然环境中成长的新喀里多尼亚产"天使虾"。尽可能少用盐和胡椒粉，经高温快速炸制而成。咬上一口，伴着松脆的声音，出乎意料的鲜香瞬间在口中蔓延，令人陶醉不已。

松脆轻盈、入口即化的和谐搭配

Restaurant

03

【东京・浅草】

佐久良西餐厅

グリル佐久良

万般俱佳的顶级一品美食

使用独家秘制的贝夏美酱汁和新鲜打捞上岸的活蟹制作而成的"香炸蟹肉奶油饼（1800日元）"。口感、食材俱佳的顶级一品美食。

全国各地的粉丝都来寻此美食

使用优质信州苹果牛

切成大块的信州苹果牛肉质
鲜嫩、入口即化，"炖牛肉
（2400日元）"让人欲罢不能。

上榜理由

传承自地道厨师的秘制蔬菜肉酱汁

酱汁中的红葡萄酒味不是十分浓
郁，因此味道温和香浓。店主视
酱汁为店铺之本，患病卧床仍心
中挂念。真的是地地道道、纯纯
粹粹的厨师。

正宗老字号秘制炖牛肉

穿过热闹的浅草寺，走进观音后面的静谧住宅街中，就能看到名店佐久良西餐厅。在第二次世界大战后，浅草花柳界的风流人物常去"佐久良"西餐厅，在店中磨练厨艺的富樫正和先生于1967年在此开设了分店。之后，该店正式继承了本店的招牌。

这家名店的招牌菜品，就是炖牛肉。细工慢炖出的牛肉汤蔬菜肉酱汁十分浓郁，令人回味无穷。而作为顶梁柱的店主却突然离世，由当时23岁的孙女优花女士继续传承该美味。

"优花一直在厨房忙活，好长时间未曾来过的客人全然不知，尝过后评价'还是老味道呀'"，女店主幸枝女士如是说道。其明朗的笑脸上满是对第二代传人的信赖。

1）将优质的信州苹果牛肉切成大块，逐块去筋炖制而成。也可搭配厚片烤面包食用。
2、3）女店主幸枝女士说："能和孙女一起工作，我真的很开心。"

不论是当地人，还是名人，都爱来这家店。粉丝们甚至将笑咪咪的幸枝女士当母亲看待。

地址／东京都台东区浅草 3-32-4
☎ 03-3873-8520
营业时间／11:30 ～ 14:00、
17:00 ～ 20:00
公休日／周二、第 2 和第 4 个周三

Restaurant

04

【东京·人形町】

芳味亭

芳味亭

上榜理由

使用3种肉制作而成的独特私房炸肉饼

坚持选用优质食材，肉类全从日本老字号肉店"桥"购入。使用鸡肉、猪肉、火腿3种肉类制作而成，深受作家向田邦子女士喜爱。

使用优质食材制作而成的混合炸肉饼

深受男女老少喜爱的一品美食

多汁的"混合炸肉饼（1200日元）"搭配自家制番茄酱汁食用。搭配清口的芹菜爽口清新。

装满店内招牌菜的便当

"西餐便当（2400日元）"可
选里脊肉排或炸肉饼。用纯手工
制作的蛋黄酱做的土豆沙拉也非
常好吃。赠送米饭。

在家中也可畅享名店美味的幸福感

FOOD DICTIONARY ｜ YOSHOKU

位于人形町小路后面的店铺，深受歌舞伎演员、深川艺人、政治家和作家等诸多名人的喜爱。

装有用自家制蔬菜肉酱汁炖制而成的炖牛肉和炸得香酥可口的里脊肉排的"西餐便当"。

Data
地址／东京都中央区人形町 2-9-4
☎电话 03-3666-5687
营业时间／ 11:00 ～ 14:00（点餐截止）、17:00 ～ 20:15（点餐截止）
公休日／周日

沉浸在铺席西餐老字号的风雅之中

　　1933年开业的"芳味亭"，是一家仿佛来自二战前平民区的铺席西餐老字号。之前是一家绸布店，其建筑风格十分雅致，从中可以窥得当时"坐于铺席享用西餐"的风雅情趣。

　　主厨是15岁进店的土井三郎先生。习得曾在横滨名门酒店磨练厨艺的上一任主厨的熟练技法，传承着传统风味。自当时奠定非凡人气基础的就是西餐便当。

据说一直继承着自上一任主厨近藤重晴先生时代不变的风味，有着不少更换过三任主厨仍常常过来的熟客。

手工装盒的"西餐便当"中装有浓缩店铺招牌菜的珍品美食。让人想要坐在可以沉浸在风雅氛围中的铺席上慢慢享用。不是炖菜，而是"焖菜"，而且前菜写作"开胃菜"。看着旧式菜单，思绪不由得神游回美好的过往之中，满心期待美食的片刻是任何东西都无法取代的。

使用牛筋、鸡架和蔬菜等熬制，经数次过滤变得浓郁香滑的蔬菜肉酱汁。

Restaurant

05

【东京·人形町】

喜乐西餐

洋食キラク

由食材、面衣、油制作而成的独一无二的炸牛排

使用红肉中的极品牛臀尖肉制作而成

"炸牛排（2400日元）"面衣松脆可口，浓缩的红肉香浓、软嫩，无敌美味。在这道一品美食中可品尝到原味、酱汁味、特制酱油味这3种风味。

FOOD DICTIONARY ｜ YOSHOKU

将猪里脊肉煎制得软嫩可口，浇入由 3 种高汤和酱油调制而成的酱汁的"嫩煎猪排（2000 日元）"。

经营店铺的上任店主之女安子
女士接待客人也是干脆利落。

出自清高厨师之手的真材实料的美味

招牌菜单上的炸牛排是已逝上任店主长谷川外吉先生寄寓哲学之思的珍品之作。食材仅选用优质国产牛肉。为了使肉质松软可口，需先在两面划入刀口。为了将牛排炸制得内里鲜嫩，需两次粘裹碾磨好的特制面包粉放入猪油中炸制 25 秒钟。这样一来，继承上一任店主风味的炸牛排就做好了。

上榜理由

坚持选用名门"今半"的优质食材

炸牛排中使用的牛臀尖肉，1 头牛身上仅有约 10kg，是十分稀少的部位。自开业以来，肉类仅选用"今半"的优质品，坚持以合适合理的价格呈现给顾客。

Data
地址／东京都中央区日本桥人形町 2-6-6
☎ 03-3666-6555
营业时间／11:00 ～ 15:00（点餐截至 14:45）、
17:00 ～ 20:15（点餐截至 20:00）
公休日／不固定

Restaurant

06

【东京·浅草】

一杯西餐

いち

浓情，热锅

1周时间细工慢炖出的酱汁

"炖牛肉（2200日元）"。入口即化的牛肉、胡萝卜和土豆等切成大块的食材，被公认是四季常青款。

1

FOOD DICTIONARY | YOSHOKU

被热情的东京人继承的浅草招牌菜——一杯

日语店名"ぱいち"就是"一杯"的意思。1936年，店铺开业开始制作西餐，牛肉洋葱盖浇饭等成为人气菜品。第二任店主首创的炖牛肉成为之后的招牌菜。酱汁由牛筋、牛骨和洋葱等细工慢炖而成，肉香四溢、十分入味，但是一点也不腻，搭配米饭食用更佳。现在，继承这一秘制炖牛肉的是第三代传人——年轻的店主笹川勇二先生。

"我认为传承这道美味，撑起这家店就是自己的使命。"

1）被暄软的面包夹裹着的厚厚的炸肉排。"炸肉排三明治（1200日元）"作为礼品非常受欢迎。
2）东京一家人，气氛温馨舒适。

2

柜台座是熟客的特等座。丰富的菜品，不论点哪一道都不会辜负你的期待。

Data
地址／东京都台东区浅草 1-15-1
☎ 03-3844-1363
营业时间／11:30～14:00（点餐截止）、16:30～20:20（点餐截止）
周六、周日、节假日 11:30～14:30（点餐截止）、16:30～20:20（点餐截止）
公休日／周四

上榜理由

吃到最后一口还是热气腾腾的中西合璧式炖牛肉

第二任店主受什锦火锅的启发，想到以铁锅盛放炖牛肉。西餐菜品搭配日式雅致铁锅，畅享热气腾腾的美食至最后一刻。

极品蔬菜肉酱汁

香浓可口、唇齿留香

Restaurant

07

【东京·麹町】

青山卡拉苏亭

青山からす亭

入口即化、多汁香浓的
"鲜虾奶汁干酪烙菜
（2300 日元、不含税）"。

继承的名店菜品

牛肉洋葱盖浇饭（1680 日元、
不含税）。蔬菜肉酱汁需花费 1
个月的时间制作，再加入食材
炖制。

诚挚的厨师制作的极品牛肉洋葱盖浇饭

　　店铺由店主古屋先生夫妇经营。自祖父、父亲处继承了 1907 年开业的"新桥卡拉苏亭"的菜品制作方法。最具人气的是牛肉洋葱盖浇饭。蔬菜肉酱汁需每天加入翻炒过的鸡肉、牛筋和香味蔬菜，倒入红葡萄酒使之变得美味浓郁，前后历时一个月才能制作完成。

上榜理由

**历时 1 个月熬制而成的
特制蔬菜肉酱汁**

蔬菜肉酱汁中所用的油炒面，需在面粉中加入牛油慢慢炒制，直至其变为褐色、炒出香味。这番精细作业是其独特浓郁香味的秘密所在。

Data

地址／东京都千代田区麹町 3-12-12 麹町
M 大楼 1F

☎ 03-3239-8636

营业时间／11:30 ～ 14:30、18:00 ～ 21:00

公休日／周日、节假日（原则上）

http://aoyamakarasu-tei.jp/

食材、采购、加工制作，丝毫不妥协

右）奶油炖鱼（2700 日元、不含税）。
下）香炸鲜虾配干杂烩饭佐奶油咖喱（2700 日元、不含税）。

沉醉于银座的雅致
与美食之中

Restaurant

08

【东京·银座】

银座古川

银座古川

年轻实力派的改良版银座西餐

　　倒立于盘中的香炸鲜虾令人惊叹。先尝一口干咖喱和炸虾，辛辣的咖喱和弹牙的虾肉冲击味蕾，香味在口中蔓延，如果浇入奶油咖喱，其口感会变得柔和，而味道依然绝佳。令人耳目一新的摆盘和味觉的相互碰撞，早已使其成为了一道银座的招牌菜。

Data
地址／东京都中央区银座 5-7-10
EXITMELSA 7F
☎ 03-3574-7005
营业时间／ 11:00 ～ 14:30、
17:30 ～ 20:30 公休日／无
http://www.ginza-furukawa.com/

上榜理由

咖喱菜品的重点在于使用欧式咖喱

以加入鸡汤和洋葱增添浓郁风味、搭配 32 种香辛料的欧式咖喱为底料，分别加入其他食材进行调味。

FOOD DICTIONARY ― YOSHOKU

商业街上的
老字号地标美食

Data

地址 / 东京都港区虎门 1−1−28 东洋
PROPERTY 虎门大楼 B1F

☎ 03−3591−4158

营业时间 / 11:00 ~ 15:00 (点餐截至
14:30)、17:00 ~ 22:30 (点餐截至
21:30)

＊周六仅中午营业

公休日 / 周日、节假日

高水平名店的"招牌菜"

右上) 古风香肠 "番茄肉酱意面" 980 日元。
下) 冬季限定的 "香炸牡蛎 (1500 日元)"
也非常受欢迎。

Restaurant

09

【东京·虎门】

科恩餐厅

Restaurant Kern

连续 56 年深受成人喜爱的番茄肉酱意面

　　"科恩餐厅"作为一家古风西餐厅，
长达半个世纪屹立于虎门而不倒。人气
菜品番茄肉酱意面使用番茄酱和历时 3 个
星期熬制而成的蔬菜肉酱汁制作而成。2
毫米的粗面裹上酱汁，加上绝佳的火候
和翻炒力度，即做成一道上品番茄肉酱
意面。

上榜理由

**经验与技艺的结晶就是
美味的蔬菜肉酱汁**

在牛筋和番茄酱中加入洋
葱、欧芹等蔬菜熬制而成。
是历时 3 个星期才能细工慢
炖出的自制蔬菜肉酱汁。

Data

地址／东京都武藏野市吉祥寺本町 2-13-1

☎ 0422-22-4139

营业时间／ 11:00 ～ 15:30（点餐截止）、
17:30 ～ 20:30（点餐截止）

公休日／周四

http://www.bambi2007.jp/

仿佛置身于画廊中品尝温润香甜的西餐

考虑到日本人的口味而精心制作的菜品，是继承自旧"斑比"时代的古风风味。

上）蛋包饭（1576 日元）。

下）圆白菜卷佐番茄酱汁（1250 日元）。

犹如置身画廊

享用美食的奢侈时光

Restaurant

10

【东京・吉祥寺】

红帽子餐厅

レストラン　シャポールージュ

令人怀念上好画作的菜品

稍微远离繁华闹市的小路上，有一家令人怀念上好画作的古风餐厅，就是象征着"吉祥寺风情"的红帽子餐厅。追溯其历史，还得回到1961 年，开业时的店名还是"斑比餐厅（レストランバンビ）"。历经装修、改名，才终于成为了今天致力于为当地人提供古风菜品的餐厅。

上榜理由

充分发挥食材美味的口味温和的酱汁

用圆白菜包裹拌入肉豆蔻等的混合肉馅，掌握好火候，炖煮至软嫩而形不散。其制作关键在于解腻浓郁的特制番茄酱汁。

名店美食

俘获一代文豪的

**文豪美食家直到晚年
仍深深喜爱的美食**

左）大判"炸肉饼（1404
日元）"。
下）"克里奥鸡肉鸡肝
杂烩（1404日元、午餐
1200日元）"搭配面包或
米饭。

Restaurant

11

【东京·浅草】

亚利桑那厨房

ARIZONA KITCHEN

仅在这里才能品尝到的美食

  作家永井荷风常常光顾的老字号西餐厅。店中的招牌菜是克里奥鸡肉鸡肝杂烩。将鸡腿肉、鸡肝、洋葱放入特制的蔬菜肉酱汁中炖煮，最后加入番茄酱汁调味，是一道私房菜品。香草的香气和胡椒的辛辣会增进食欲。

上榜理由

**一代文豪为之着迷、10
年间频繁光顾的美味**

据说文豪永井荷风直至69
岁辞世，曾连日光顾该店，
尝遍店中美食，常点的是克
里奥鸡肉鸡肝杂烩。

Data
地址／东京都台东区浅草1-34-2
☎ 03-3843-4932
营业时间／11:00～14:30、
17:00～22:00（点餐截至21:00）
公休日／周一（节假日正常营业）

炖菜和迷你鲜虾香菇奶汁干酪烙菜套餐3800日元（奶汁干酪烙菜单点1900日元）。

Restaurant

12

【东京·银座】

银之塔

銀之塔

日式炖牛肉

FOOD DICTIONARY ｜ YOSHOKU

明星们深爱的极品"后台美味"

　　1955年开业的"银之塔"是由典当铺的库房改建而成的，由温情四溢的日式风格本馆和别馆所组成。虽然只有炖菜和奶汁干酪烙菜两道菜品，但是却为口味挑剔的明星们所认可，大概是因为在后台享用的缘故吧。

坚持使用开业之时耗时费工的制作方法

炖菜共有4种。除了炖牛肉以外，还有炖牛舌、杂烩炖菜、炖蔬菜（除了炖牛舌为3600日元，其余均为2600日元）。

Data

地址／东京都中央区银座4-13-6（本馆）

☎ 03-3541-6395

营业时间／11:30～21:00（点餐截至20:30）

公休日／无（年底年初除外）

http://www.ginnotou.shop-site.jp/

上榜理由

> **通过火候来改变食材的口感**
>
> 在由鲜美的牛尾炖制而成的酱汁中放入切成筷子容易夹取的软嫩牛肉。蔬菜需炖制成适宜的硬度。

应该掌握的西餐基础知识

西餐的关键，在于酱汁的制作

西餐美味与否全在酱汁，这样说一点也不为过。让我们跟着名店的主厨学习专业厨师制作酱汁的秘诀。

酱汁 **1** 达人

银座 Mikawaya *

厨师长
田村忠彦先生

厨师长田村忠彦先生，是在 Mikawaya 从业 30 多年的老厨师。"我们店的魅力可能在于出色的团队合作吧"，这种随和谦逊也从侧面印证了菜品的质量。

DATA

地址 / 东京都中央区银座 4-7-12
☎ 03-3561-2006
营业时间 / 11:30～21:30(点餐截止)
公休日 / 无
http://www.ginza-mikawaya.com/
＊菜品价格需加收 10% 服务费

＊日本的店铺名称为"銀座みかわや"。

Demi-glace Sauce

蔬菜肉酱汁

可谓是店铺招牌美食的制胜法宝

用于多种西餐的制作之中。Mikawaya 花费 2 周时间细工慢炖而成。"汉堡肉饼（2700 日元）"。

Béchamel Sauce

贝夏美酱汁

取决于主厨经验的酱汁

仅由黄油、面粉、牛奶制作而成的白酱汁。搅拌方法是制作成功的关键所在。"鲜虾奶汁干酪烙菜（2900 日元）"，季节限定。

店铺中旧时的银座风情无处不在，可饱尝顶尖服务与顶级美食。

凭借主厨的经验和技法闻名的名店招牌酱汁

对于西餐来说，酱汁可谓是其生命。也就是说，只要能制作出美味的酱汁，就能够制作出美味的西餐。自1948年开业以来，坚持一贯不变口味的"Mikawaya"厨师长田村忠彦先生，说到制作酱汁的秘诀在于"细工慢炖"。我们来学习一下被列为店铺招牌首位的蔬菜肉酱汁的制作精髓。

需牢记的 5 种基本款酱汁

Tomato Sauce
番茄酱汁

需花费点时间熬干水分
熬干水分是使番茄味道变得浓郁美味的窍门所在。"香烤鲜虾佐番茄酱汁（4900日元）"，季节限定。

Tartar Sauce
塔塔酱汁

备料和过滤凸显专业厨师的技法
香炸菜品中不可或缺的就是这款酱汁。香炸菜品也可以制作得松脆鲜美。"香炸蟹肉饼（2900日元）"。

Vinaigrette Sauce
法式沙拉酱汁

爽口的酸味凸显出蔬菜的香甜
在西餐中，沙拉调味汁也是酱汁的一种。这款酱汁很受顾客欢迎，经常被打包带走。"蔬菜沙拉（1200日元）"。

银座Mikawaya *presents*

蔬菜肉酱汁

广泛应用于西餐菜品中，是被称为"西餐精华"的基本款
酱汁。尝试一下纯手工制作吧。

材料（1升的量）

牛腱子肉	500 克	水	2.5 升
大蒜	1 瓣	面粉	5～6 大匙
洋葱（中等大小）	1 个	高汤块	3 块
胡萝卜	1/2 根	伍斯特辣酱油	50 毫升
芹菜	1 根	番茄酱	20 毫升
月桂叶	1 片	红葡萄酒	30 毫升
番茄酱汁	1/2 杯	椒盐	适量

褐色酱汁

面粉	大匙 30 克
色拉油	大匙 30 毫升

1 将色拉油（分量外）倒入平底锅中，加入切成大块的蔬菜、切碎的蒜末和切成 3 厘米见方的牛腱子肉，大火翻炒。

2 蔬菜和肉翻炒一段时间后改成小火，翻炒 30 分钟左右直至其变成褐色。以上图中的颜色为准。

3 撒入面粉，再次翻炒直至面粉均匀粘在食材上。

4 将 *3* 倒入锅中，加入水、芹菜和番茄酱汁大火煮制。煮沸后加入高汤块改成小火炖制 2 个小时左右。

制作褐色酱汁！
让蔬菜肉酱汁变稠上色，褐色酱汁是必不可少的。使用面粉和黄油以小火炒制而成，如果炒煳会有煳味，因此炒制时注意不要炒煳。

锅中加少量色拉油，放入面粉小火炒制，不断搅拌。

约 10 分钟后，面粉颜色逐渐变为如图中一样，且没有生面粉味即完成。

5 将 *4* 装入过滤器过滤。这时，可将变得软烂的肉和蔬菜捣碎成酱，这样一来，食材的香甜味和精华都不会散失。

6 以小火煮制 *5*，加入褐色酱汁小心搅拌。

7 最后加入伍斯特辣酱油、番茄酱、红葡萄酒煮制，以椒盐调味，搅拌均匀即可。

Check!

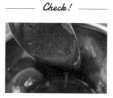

制作高汤需花费 1 周时间，加入褐色酱汁也需花费 4 天时间，活用高汤块和调味品可大大缩短制作时间。

银座Mikawaya *presents*

贝夏美酱汁

贝夏美酱汁是奶油炸肉饼和奶汁干酪烙菜等中必不可少的
酱汁。一点点加入牛奶充分搅拌是制作成功的关键。

材料（奶汁干酪烙菜 7 ～ 8 盘的量）

黄油·····································100 克
面粉（低筋面粉）·················100 克
牛奶·····································900 毫升
盐··1 小撮

> **1** 将黄油放入锅中，中火加热使之熔化。
> 也可使用微波炉等来熔化黄油。将牛奶
> 倒入另一只锅中加热。

2 加热至黄油上布满细小粒状物后，加入
面粉搅拌。

> **3** 不停地翻动锅铲搅拌均匀。一直保持小
> 火状态。

4 搅拌 5 分钟左右，油炒面会变成膏状。
在变成膏状之前，需不停地进行搅拌。

5 将锅从火上取下，置于湿润的布巾上搅拌散热。大约搅拌 1 分钟。

6

在牛奶快要沸腾时关火。将油炒面锅重新加热，用长柄勺舀取一勺牛奶倒入油炒面中，快速搅拌。

快速不停地翻动锅铲，使油炒面不至结块。大约搅拌 1 分钟。

7 第二次

再舀取一勺牛奶倒入，快速搅拌。

和第一次一样，使用锅铲搅拌均匀。火候保持在小火～中火。

8 第三次

第三次倒入的牛奶量无规定。将剩余的牛奶倒入，再次搅拌。

* 也可使用打蛋器搅拌。

9 搅拌均匀，再以小火煮制 5 分钟左右。最后加入 1 小撮盐。制作完成后可冷藏保存 2～3 天。

—— 选用用具的要点

为了将油炒面搅拌均匀，最好选用铲面平整的锅铲。这样，和锅底的接触面较大，搅拌起来会更加高效。

銀座Mikawaya *presents*

番茄酱汁

地道的番茄酱汁，需在炖煮蔬菜后进行过滤，制作起来十分麻烦。在此教给大家在家里也能轻松制作的方法。

材料（常用量）

番茄（中等个头、切块）⋯⋯⋯⋯6个
大蒜（切末）⋯⋯⋯⋯⋯⋯⋯1瓣
橄榄油⋯⋯⋯⋯⋯⋯⋯⋯90毫升
月桂叶⋯⋯⋯⋯⋯⋯⋯⋯⋯1片

1 将锅放到火上加热，倒入橄榄油。加入蒜末直至飘出蒜香味。

2 待蒜香味充分融入橄榄油后，加入番茄大火煮制。

3 煮制时用锅铲轻轻铲碎番茄。沸腾后加入月桂叶。调整火候使之不要过度沸腾。

4 撒入适量椒盐调味，搅拌约10分钟。

番茄需去籽沥汁

将番茄横向对半切开去籽。用勺子的柄部挖除比较省事儿。

去籽后，用一只手轻轻挤去汁液。

切成小碎块。选用熟透的番茄，制作出的番茄酱汁会比较浓郁。

5 经中火煮制约 10 分钟，还会剩下一半的量。使用宽底的锅煮制可以缩短时间。

6 水分蒸发殆尽时，番茄酱汁就做好了。这时可取出月桂叶。

Point

番茄酱汁制作得好吃的窍门在于煮走水分。成品量少于备料量的一半。

煮走水分直至变成图中的状态，这样番茄酱汁才会变得香美浓郁。

Check!

"Mikawaya" 出品的地道番茄酱汁是由番茄、洋葱和芹菜等加入高汤长时间煮制过滤而成。常出现于季节限定菜品中。

银座Mikawaya *presents*

塔塔酱汁

成就香炸菜品松脆美味、味道层次丰富的关键在于塔塔酱汁。大家一定要尝试亲手制作一番。

材料（1 杯量）

蛋黄酱·····················1 杯	刺山柑（切碎）···········5 克
全熟水煮蛋（切碎）·······1 个	欧芹（切碎）···········1 小匙
洋葱（切碎）···········50 克	盐·····················少许
西式泡菜（切碎）·······25 克	

1 将切碎的全熟水煮蛋、西式泡菜、刺山柑和蛋黄酱放入盆中。

2 加入切碎的洋葱和欧芹。材料如果切得细碎，口感会细腻柔和；如果切得粗大，口感则丰富有趣。依个人喜好选择。

Professional Point ❶

将过滤器置于盆上，放上水煮蛋，以手按木铲将水煮蛋压散（无过滤器，也可用滤筛代替）。

以过滤的方法按压拖拉木铲将水煮蛋压碎入盆中。反复数次，瞬时即可完成。

轻松制作鸡蛋碎

Mikawaya 出品的塔塔酱汁细腻柔滑。将鸡蛋切得细碎非常需要耐心。在这里会教给大家一个易学的小窍门！

材料（常用量）

蛋黄······	1 个	芥末酱······	1 小匙
盐······	1/2 小匙	醋······	1 大匙
胡椒粉······	少许	色拉油······	150 毫升

① ② ③ ④

①	②	③	④
将蛋黄、盐、芥末酱和胡椒粉放入擦拭干净的盆中。	将醋倒入①中，搅拌均匀。	搅拌②时，将色拉油如线般滴入。	待颜色变成乳白色、酱汁开始凝固时即制作完成。

自制蛋黄酱！

为了制作出美味的塔塔酱汁，一定要尝试亲手制作蛋黄酱。自制蛋黄酱蛋香浓郁、柔和多汁，绝不是一般市售蛋黄酱可比的。

3 将所有的材料都放入盆中后，搅拌均匀，直至所有的材料都粘裹上蛋黄酱。

4 搅拌均匀后，加入盐调味即制作完成。

Professional Point ❷

将洋葱切碎，撒入 1 小撮盐，搓至洋葱变软。

搓入盐之后，放入水中浸泡片刻可去除多余的辣味。最后放到布巾上挤去水分。

稍花一点功夫就可品尝到无上的美味

要想制作出美味无比的塔塔酱汁，在备料时一定不能偷懒。其中的洋葱如果直接使用会很辣，因此需要撒盐浸水去除辣味。

银座Mikawaya *presents*

法式沙拉酱汁

法式沙拉酱汁就是法式沙拉调味汁。作为基本款酱汁，其制作方法十分简单，而应用十分广泛。

材料（1 杯量）

盐	1 小匙
醋	1/3 杯
色拉油	2/3 杯
胡椒粉	少许

Professional Point

活用可直接装入保存的空瓶
如果想轻松简单制作，可将制作沙拉酱汁的所有材料装入空瓶中晃动，一会儿就做好了。放置一段时间后会出现分层现象，使用之前再次晃动一下就可以了。

Point

在上面的沙拉酱汁中加入洋葱泥、切碎的黑橄榄、芥末粉、酱油、砂糖（少许）即成 Mikawaya 风味的沙拉酱汁。请大家一定尝试一下。

1

将盐和醋倒入盆中，使用搅拌器搅拌。直至盐完全溶化。

2

待 *1* 中的盐溶化后，倒入色拉油。如果将色拉油一次性倒入容易分层，因此需慢慢地边倒边搅。

3

将所有的色拉油都倒入盆中后，搅拌使之均匀。待颜色变成乳白色后即制作完成。

银座Mikawaya *presents*

酸辣酱汁

使用法式沙拉酱汁制作的又一款酱汁。此款酱汁搭配奶酪
生鱼片、墨鱼和鲍鱼等海鲜食用鲜美无比，制作方法十分
简单。

材料（1 杯量）

法式沙拉酱汁······ 180 毫升	刺山柑（切碎）········ 5 克
洋葱（切碎）·········· 50 克	欧芹（切碎）········ 1/2 大匙
西式泡菜（切碎）····· 25 克	

Professional Point

佐日常日式菜品食用十分美味

推荐在酸辣酱汁中依个人喜好加
入少许酱油。不管是香烤三文鱼
等西餐，还是凉拌菜和生鱼片等
日式菜品，佐食酸辣酱汁均美妙无
比。也可倒一点在日常菜品中提
鲜提味。

1
将所有的材料
放入盆中，搅拌
均匀。

2
将法式沙拉酱
汁倒入*1*中（制
作方法参照上
一页）。

3
将*2*搅拌均匀。
当*1*中的材料和
法式沙拉酱汁
混合均匀后即
制作完成。

酱汁 **2** 达人

Sakaki 餐厅*

店主兼主厨

榊原大辅先生

运用在法国各地磨练的经验，自2003 年任 "Sakaki 餐厅" 的店主兼主厨施展技艺。围绕着法国料理，不断进行能带给人惊喜的创新。

DATA

地址 / 东京都中央区京桥2-12-12
Sakaki 大楼 1F
☎ 03-3561-0512
营业时间 / 11:30 ~ 13:45、
18:00 ~ 21:00
公休日 / 周日、节假日
http://www.r-sakaki.com/

＊日本的店铺名称为 "レストラン サカキ"。

可容纳 50 多名客人就餐的店内装饰着时令鲜花。作为京桥名店确实不负盛名。

极品特色酱汁

出自法国料理主厨之手的

Original Tartar Sauce

特色塔塔酱汁

酸香浓郁，搭配新鲜蔬菜生食同样美味

榊原主厨的创意塔塔酱汁，未使用鸡蛋和油。"香炸鲜虾（1100 日元）"。

浇入的酱汁不同，日常西餐也会大变身

　　位于京桥的"Sakaki餐厅"，中午提供西餐，而晚上则提供法国料理。上一任店主经营过西餐店，加之店铺位于商业街，午餐时段的菜品为香炸鲜虾、炸肉饼和汉堡肉饼等标准西餐菜品。而晚餐时段则变身为高雅别致的法国料理店。在店内可畅享食材和酱汁都十分考究的特色法国料理。

　　对酱汁十分了解的法国料理主厨，为我们制作了3种搭配西餐的特色酱汁。

Demiglace Sauce of Mushroom

菌菇浓缩酱汁

搭配肉类菜品堪称完美
将香菇、蟹味菇等煎熟，这样一来菌菇的鲜美才能充分融入酱汁的浓郁香味中。

Burned Butter Sauce

焦香黄油酱汁

搭配生牡蛎和嫩煎鸡肉非常美味
奶香味浓郁醇厚，令人无限回味。"法式黄油烤塔斯马尼亚三文鱼（1100日元）"。

Sakaki餐厅 *presents*

特色塔塔酱汁

未使用鸡蛋和蛋黄酱的新式塔塔酱汁。将鲜奶油打发是制作成功的关键。

材料（常用量）

青葱	5克	刺山柑	25～30克
细叶芹	2克	芥末酱	18克
莳萝	2克	鲜奶油	120克
细香葱	3克	雪利醋	15克
西式泡菜（切碎）…	20克		

Professional Point

Point ① 将香草类材料切碎

将香草类材料和细香葱切碎。

Point ② 用叉子反面将刺山柑压碎

将刺山柑切碎后，用叉子反面压碎。如此处理可使酱汁更加爽滑。

Point ③ 将青葱和雪利醋放入锅中加热

将青葱和雪利醋放入锅中加热。以小火加热，可使雪利醋的酸味浸入青葱中。如左图所示，一直加热至水分变干。

1 将鲜奶油放入盆中，叠放于盛有冰水的盆之上搅拌。

2 不停地搅拌直至打发成泡沫状。

3 加入芥末酱，搅拌均匀后加入青葱、刺山柑、西式泡菜搅拌。

4 加入切碎的香草类材料。

5 搅拌时需轻轻搅拌。如果搅拌力度过大，鲜奶油会分层，因此一定要注意。

Point

可放入冰箱冷藏保存 1 天左右，所以要尽快吃完

剩余的酱汁可放入冰箱冷藏保存 1 天左右，但是会分层，因此要尽快吃完。

菌菇浓缩酱汁

撕成大块的菌菇十分醒目！将菌菇充分煎制入味以锁住其
鲜味是制作的关键。

材料（常用量）

杏鲍菇	2 根	培根	10 克	
蟹味菇	30 克	红葡萄酒	40 克	
舞菇	30 克	蔬菜肉酱汁	50 克	
口蘑	2 朵	鲜奶油	1½ 大匙	
香菇	2 朵	黄油	10 克	
青葱（切碎）	1 大匙			

Professional Point

将香菇、杏鲍菇用手撕成大块
将香菇、杏鲍菇和舞菇用手撕成
大块比较容易入味。将口蘑切成
圆片，将蟹味菇切除菌柄。

1 将油倒入平底锅中，油热后加入菌菇翻
炒。

2 加入 1 小撮盐，大火翻炒。早早加入盐
是为了去除多余的水分，激发菌菇本来
的鲜香味。

3 放入青葱，加入切成块的培根和黄油翻炒。

4 待培根过油加热后倒入红葡萄酒煮至水分变干。

5 改成小火后加入蔬菜肉酱汁。也可使用市售酱汁代替。

6 将平底锅从火上取下，加入鲜奶油。

7 再次加入黄油，待黄油溶化搅拌均匀后即制作完成。

> *Point*

大火将菌菇煎熟是制作的关键所在

菌菇的煎制在短时间内即可完成。大火翻炒2分钟左右菌菇就会变成褐色。

Sakaki餐厅 *presents*

焦香黄油酱汁

黄油的浓郁醇厚和柠檬的清新酸爽相得益彰。适于搭配新
鲜蔬菜和香烤海鲜等素淡食材食用。

材料（常用量）

刺山柑	1 小匙	黄油	50 克
番茄	1 小匙	欧芹	1½ 小匙
大蒜末	1 小匙	酱油	2 克
柠檬	1 小匙		

Professional Point

- -

柠檬的切法

将柠檬的顶部和蒂部切除，如图示切掉柠檬皮只留下果肉。 　 将刀插入果瓣的薄膜之间，切下果肉。 　 将果肉切成 1 厘米大小的块。去除最先切下的顶部和蒂部的皮。

Point

加热黄油的标准

开始加热黄油后会出现气泡。 　 加热一会儿气泡会悄然消失，这时加入大蒜。

1 将黄油放入加热着的平底锅中熔化。

用色拉油煎制三文鱼，煎至表面上色。	使用汤匙舀取黄油浇于三文鱼上。	待黄油气泡消失后加入大蒜、刺山柑、欧芹。	马上取下平底锅，放入番茄、柠檬果肉，挤入柠檬汁。

2 使用汤匙搅拌黄油和大蒜，加热至黄油变成褐色。

3 待大蒜上色后加入番茄、刺山柑、柠檬。

4 从火上取下平底锅，浇入酱油搅匀。

5 将切除掉的柠檬皮挤汁滴入锅中。柠檬汁也有降低酱汁温度的作用。

制作方法

只有在店里才能品尝到的、专业级的极品西餐。从汉堡肉饼、炸肉饼、奶汁干酪烙菜到杂烩饭、生姜猪肉等众多名店菜品和主厨亲传技巧大放送！有此书在手，在家中也能制作出专业级别的美味佳肴。

跟着
名店学

经典西餐的

Hamburg

Beef stew

Beef steak

Croquette

Gratin

Cabbage roll

Roast beef

Meat loaf

Ginger fried pork

Meunière

Pot·au·feu

Corn potage soup

Onion gratin soup

Consommé

Cutlet

Assorted pan deep·fried food

Fried cake of minced meat

Curry

Napolitan

Meat sauce spaghetti

Omelette rice

Doria

Hashed beef rice

Pilaf

Curried pilaf

深受老少各个年龄层喜爱的经典西餐

汉堡肉饼

汉堡肉饼是日本家庭餐桌上不可或缺的代表菜品。暄软多汁，妙不可言。

Keypoint

汉堡肉饼的馅料制作

馅料制作是影响汉堡肉饼口味口感的要素之一。一定要将馅料和得黏稠。而且，馅料也是有保鲜期的。不马上煎制的话，一定要放入冰箱冷藏保存。如果常温保存，馅料的品质会下降，切记。

Check_01

表面焦香酥脆，内里鲜嫩多汁

使用平底锅煎制时，待表面变色成形后盖上锅盖焖制，就会达到表面焦香酥脆而内里鲜嫩多汁的效果。表面可稍微带一点焦痕。

Check_02

汉堡肉饼可搭配多种酱汁食用

可佐以蔬菜肉酱汁、番茄酱汁、奶油酱汁和日式酱汁等多种酱汁食用。"三浦亭西餐"的蔬菜肉酱汁是花费2周时间熬制而成的。

M IURA

名称来源于发源地"汉堡"

据说汉堡肉饼的原型是 18 世纪左右德国汉堡流行的鲜肉菜品鞑靼牛排。其后，由德国移民传入美国，被称为"汉堡风味牛排"。汉堡肉饼在何时从何地传入日本的，全无正式记载可言。但是，据说明治维新时期餐馆中曾将其称为"德式牛排""肉丸子"。

技艺传授人

三浦亭西餐
店主兼主厨
三浦美千夫先生
在多家酒店和饭店磨练过技艺，积累了不少经验，于2003年开店独立经营。开放式厨房，店内仅设有柜台座，菜品的制作过程可尽收眼底。

Data

三浦亭西餐
洋食 三浦亭
地址／东京都练马区关町北 2-33-8
☎ 03-3929-1919
营业时间／11:30～13:30（点餐截止）、
17:30～20:30（点餐截止）
＊因采购情况，也有提前关店的时候
公休日／周一、周二（逢节假日的话则第二天公休）
＊也有临时关店的时候
http://miuratei.com

为平民百姓所熟悉的汉堡肉饼

汉堡肉饼是在肉馅中拌入炒制过的洋葱、增稠用面包粉、鸡蛋、调味品等后团成椭圆形或草袋形煎制而成的经典西餐菜品。

据说汉堡肉饼的发源地是德国汉堡，但是在日本，风格多样的汉堡肉饼已然成为了一道独特的菜品。尤其是20世纪60年代，营养丰富的畜肉还是价格高昂的食材，所以，使用价格低廉的混合肉馅制作而成的汉堡肉饼作为家常菜流行开来，其后，由于密封包装的汉堡肉饼和家庭餐馆的出现，才最终成为了平民百姓也熟悉的菜品。

"三浦亭西餐"出品的汉堡肉饼，是点单后才开始团制馅料放入烤箱烤制而成的。

汉堡肉饼材料

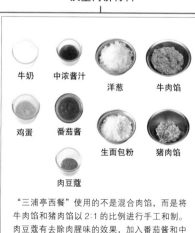

牛奶　中浓酱汁　洋葱　牛肉馅
鸡蛋　番茄酱　生面包粉　猪肉馅
肉豆蔻

"三浦亭西餐"使用的不是混合肉馅，而是将牛肉馅和猪肉馅以 2:1 的比例进行手工和制。肉豆蔻有去除肉腥味的效果，加入番茄酱和中浓酱汁可使汉堡肉饼的味道变得更加温和。

汉堡肉饼的制作方法

材料（4 人份）

牛肉馅	400 克
猪肉馅	200 克
洋葱（切碎）	1/2 个
色拉油	适量
Ⓐ 生面包粉	40 克
蛋液	1/2 个
番茄酱	30 克
中浓酱汁	10 克
牛奶	10 克
肉豆蔻	少许
黑胡椒	少许
盐	少许

专业技巧

**挤出馅料中的空气，肉饼才会
变得鲜嫩多汁**

为了将汉堡肉饼制作得鲜嫩多汁，
在团制成形时，一定要团得按压也
不会开裂，挤出馅料中的空气。即
使只有一点小裂缝，煎制时肉汁也
会外溢。虽然看似微不足道，但是
不这样做美味度就会下降。

1

将洋葱碎炒熟散
热。

⇓

2

将**1**和Ⓐ放入盆
中，拌匀。

⇓

3

将猪肉馅放入盆
中，和**2**拌匀。

⇓

4

将牛肉馅放入**3**
中，拌匀。

⇓

三浦亭西餐一般使用烤箱来烤制汉堡肉饼，在这里介绍使用平底锅煎制美味汉堡肉饼的方法！

5

将**4**分成4等份，手上蘸水挤出馅料中的空气，团成没有裂缝的圆饼，使中央稍微凹陷一点。

⇓

6

将色拉油倒入平底锅中加热，改成中火轻轻地放入**5**，煎至单面上色。单面上色后翻面煎制。

⇓

7

盖上锅盖焖制。中途可多次查看确认，若煎制得焦痕过重需翻面煎制。

⇓

8

轻轻按压，肉饼暄软有弹性即制作完成。

Column

在家轻松制作酱汁的方法

材料

煎制汉堡肉饼后残留的肉汁
番茄酱……………………… 适量
中浓酱汁…………………… 适量
黄油…… 依个人喜好添加适量

1

使用厨房用纸擦去煎制汉堡肉饼后平底锅中残留的焦末，加入少量水。

2

将番茄酱和中浓酱汁以1：1的比例加入搅匀。

3

依个人喜好加入黄油（倒入酱油也很美味）。

粘裹于松软牛肉上的蔬菜肉酱汁美味绝伦

炖牛肉

在西餐中有着特殊地位的炖牛肉。松软的牛肉搭配蔬菜肉酱汁，简直美妙无比。

Keypoint

蔬菜肉酱汁

"Sakurai 精选西餐"的蔬菜肉酱汁，用以 20kg 洋葱和鸡汤煮制而成的洋葱汤、小牛高汤、炖肉汤、香味蔬菜、红葡萄酒、水果等炖制而成，前后大约历时 2 个星期。加入水果可使酱汁变得浓郁，同时留有清爽的酸味。

Check_01

酱汁为蔬菜肉酱汁

也可使用以黄油炒制面粉而成的褐色酱汁。"Sakurai 精选西餐"通过加入香味蔬菜、水果等使酱汁变得浓稠。

Check_02

入口即化般松软的炖牛肉

炖牛肉会用到牛五花肉和牛小腿肉等。"Sakurai 精选西餐"使用的是牛侧腹肉。煎至出现焦痕后炖煮，紧锁住香味。

History

始现于明治初期的西餐店中

炖菜的历史可追溯至公元前 500 年左右的西欧。当时还以悬吊金属制大锅的方式制作炖菜。那时尚未有"炖牛肉"这个词,但是据说那就是炖牛肉的雏形。据说提供西洋料理的餐厅从明治初期丌始提供炖牛肉这道菜。另外,此道菜品的制作方法于明治后期出现在了女性杂志上。

技艺传授人

Sakurai 精选西餐

厨师长

长谷山光则先生

"Sakurai 精选西餐"是一家人气爆棚的知名西餐店。自 2000 年开业以来一直担任厨师长的长谷山先生制作的菜品十分精细,不断推陈出新。

Data

Sakurai 精选西餐

厳選洋食さくらい

地址 / 东京都文京区汤岛 3-40-7 7F

☎ 03-3836-9357

营业时间 / 11:30 ～ 15:00(点餐截至
14:30)、17:30 ～ 22:45(点餐截至
22:00)、周六、节假日 11:30 ～ 21:45
(点餐截至 21:00)

公休日 / 无

http://www.yoshoku-sakurai.com

将肉和蔬菜经长时间炖制而成的褐色炖牛肉

"炖牛肉(Stew)"就是将肉和蔬菜以高汤经长时间炖制而成的菜品,在英语中,stew 除了作为菜名的意思外,还有"细工慢炖食物"的动词性意思。在日本,提到"炖牛肉",不少人会想到奶油炖肉,其实奶油炖肉就是由炖牛肉演变而来的。炖牛肉,就是在褐色酱汁和蔬菜肉酱汁中加入牛肉、洋葱、胡萝卜等香味蔬菜、红葡萄酒等炖制而成的经典西餐菜品。在家中制作炖牛肉时,使用由香味蔬菜、红葡萄酒和小牛高汤等花费数日熬制的蔬菜肉酱汁这项操作还是有些难度的。

炖牛肉材料

香味蔬菜

炖肉时,加入香味蔬菜一同炖制可充分发挥出食材的美味。

牛五花肉

使用大块牛肉制作。将牛肉切成大块后使用风筝线捆扎以防止将肉煮散。

黄油

制作完成时可依个人喜好加入一点黄油使其更加浓郁。

蔬菜肉酱汁

以香味蔬菜、水果、小牛高汤、红葡萄酒细工慢炖而成。

红葡萄酒

用来烧牛肉和蔬菜,润饰调味。

炖牛肉的制作方法

材料（4 人份）

牛五花肉（大块）…… 500 克

香味蔬菜

胡萝卜…………………… 1/2 根
洋葱……………………… 1/2 个
芹菜……………………… 1/4 根
欧芹……………………… 少许

红葡萄酒………………… 300 毫升
鸡汤（也可使用市售品）
………………………… 200 毫升
色拉油…………………… 适量
蔬菜肉酱汁…………… 800 毫升
黄油……………………… 适量
胡椒粉…………………… 少许

专业技巧

将牛肉捆扎、煎制上色后再进行炖煮

提到炖牛肉的妙处，当属入口后溶化开来的瞬间。为了将牛肉炖制得松软可口，需将牛肉用风筝线等捆扎以防止将肉煮散。另外，将捆扎后的牛肉煎制上色后再进行炖煮会牢牢锁住其鲜美滋味。这项操作会带来终极松软和鲜香的体验。

1 将牛五花肉切成适当大小，以风筝线等进行捆扎。

2 将色拉油倒入平底锅中加热，放入 **1** 中的牛肉煎至表面呈焦黄色。

3 将切成块的香味蔬菜、200 毫升红葡萄酒和适量的水放入锅中。

4 将 **2** 中的牛肉放入 **3** 中，不断地加水炖制 3～4 个小时直至将肉炖得松软（如果使用高压锅需炖煮 1 小时左右）。

在家中亲手制作蔬菜肉酱汁不是那么容易的……
在这里介绍一种使用市售酱汁制作美味蔬菜肉酱汁的方法!

 ⇒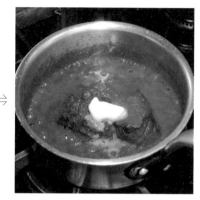

5 将 100 毫升红葡萄酒和切成块的 **4** 中的牛肉放入锅中,煮去酒精。

6 将鸡汤、蔬菜肉酱汁加入 **5** 中进行炖煮。制作完成时加入黄油,撒入胡椒粉。也可依个人喜好加入红葡萄酒。

Column

在家轻松制作蔬菜肉酱汁的方法

材料	蔬菜肉酱汁(罐头)……………………1 罐	番茄……………………………… 1/2 个
	胡萝卜…………………………… 1/2 根	红葡萄酒……………………100 毫升
	洋葱…………………………… 1/2 个	牛肉高汤粉(也可使用市售品)
	芹菜…………………………… 1/4 根	……………………………………… 10 克

1 ─────── **2** ─────── **3** ─────── **4**

将黄油放入锅中加热熔化,放入切成块的胡萝卜、洋葱、芹菜以文火炒制约30分钟。

加入红葡萄酒,煮去酒精煮出香味,加入切成块的番茄。

在 **2** 中加入蔬菜肉酱汁和牛肉高汤粉。小火加热 5 分钟左右,待酱汁融为一体后关火放凉。

使用食品搅拌器搅拌 **3**,倒入滤筛或过滤器等中过滤。

〈 03 〉

可品尝到牛肉本身的鲜香味的经典西餐菜品

牛排

西餐店的经典款牛排。在这里会教给大家牛排专卖店老字号"Hibio 牛排"的
牛排煎制和酱汁制作窍门。

Keypoint

黄油酱汁

制作起来十分简单。只需将
1 大匙黄油、1/2 小匙欧芹、
1/3 小匙西式芥末酱、1 小
匙柠檬汁、1 小撮盐和少许
胡椒粉拌匀即可。可以将适
量黄油酱汁置于柠檬片上装
饰牛排。也可使用管装芥末
代替西式芥末酱。

Check_01

黄油酱汁搭配牛排绝妙无比!

"Hibio 牛排"使用黄油酱
汁来搭配此道美味。不仅可
搭配肉类菜品,还可搭配鱼
类菜品。在家中也能轻松制
作,便宜肉搭配此款酱汁也
会变得相当美味。

Check_02

先煎制的一面朝上

撒入椒盐的一面最先煎制,
翻面后的一面是牛排最后装
盘朝上的一面。可以说诱人
与否全凭品相。

History

传自外国的肉食文化

食用牛排起源于 1700 年左右经常食用烤牛肉的英国。众所周知，"牛排"这个名称是"烤牛排"的简称，但是关于其词源却是众说纷纭。被广泛认可的是，除了英国以外法国也存在同样的饮食文化，而法语"bifteck（牛排）"传到日本却阴差阳错变成了"bifuteki"这一说法。而且，牛肉曾一度被视为滋补佳品。

技艺传授人

Hibio 牛排

江崎新一先生

江崎新一先生曾在大阪多家西餐店磨练厨艺、积累经验，是拥有 20 多年西餐从业经历的资深厨师。江崎新一先生说："在家中制作牛排时，可尝试搭配冰箱中的现成蔬菜。"

Data

Hibio 牛排

ビフテキの Hibio

地址／大阪府大阪市北区天神桥 4-6-19

☎ 06-6352-7013

营业时间／ 11:00 ～ 15:30、17:30 ～ 20:00（点餐截止）周六、周日、节假日 11:00 ～ 20:00（点餐截止）

公休日／无

牛肉的加工处理是重中之重

　　用来制作牛排的部位是被称为外脊肉或者通脊肉的腰部肥美的霜花牛肉、稍微靠后的里脊肉、腰里脊肉、肋肉、通脊肉等。基本的加工制作方法为，将切成适当厚度的牛肉撒入椒盐使用铁板或者平底锅煎制。正因为制作方法简单，牛肉的挑选方法、保存方法、调味方法以及煎制火候才显得尤为重要。至于牛肉的煎制火候，有半熟、半熟至中等熟、中等熟、全熟 4 种，而窍门在于稍稍早于煎制火候关火使用余热煎制。需选用肉色鲜艳、夹带有类似于网纹状脂肪（霜花）的市售牛肉。

牛排材料

"Hibio 牛排"店内提供时令肉质鲜嫩的品牌牛肉。可尽享霜花牛肉的细腻鲜美。

外脊肉

搭配蔬菜
搭配时令蔬菜。选材时使用的是肉汁肥美的香菇、茄子、洋葱。

椒盐
店内使用的是提前调制好的椒盐，在家中制作时盐和胡椒的比例为 5:1。

牛排的制作方法

材料（1人份）

牛排用牛肉（外脊肉）

················ 150 ～ 200 克

椒盐····························· 适量

粗粒胡椒····················· 适量

色拉油························· 适量

搭配时令蔬菜（茄子、土豆、香
菇、秋葵、洋葱各适量）

专业技巧

佐蒜香酱油食用美味加倍

食用之前只需在牛排上浇入一点
蒜香酱油，美味立刻升级。200
毫升酱油中放入1瓣大蒜（切
成适当大小），放入冰箱中腌泡
1～2天。如果时间放置过久，
酱油的香味会散失，因此需尽早
食用完。

1

将牛肉切成200
克大小，撒入提
前调制好的椒盐。

[在家中使用平
底锅制作时]在
最先使用平底锅
煎制的一面涂上
黄油。煎制完成
时煎制面会显得
美观，而且也会
变得更加美味。

⇓

2

在铁板上淋入极
少量的油，放入
牛肉。在肉身上
划几道刀口，更
加容易煎熟。煎
制时间大约为单
面45秒钟。

[在家中使用平
底锅制作时]在
肉身上划入刀口，
按压使肉和平底
锅之间留有空气，
以小火煎制。

⇓

跟着"Hibio牛排"学习在家中也能制作出美味牛排的方法。需要将牛肉提前从冰箱中取出，于常温中回温15分钟左右。

3 翻面煎制。同样在肉身上划入几道刀口。煎制时间约为 15 秒钟。

⇓

5 装盘，撒入粗粒胡椒调味。

⇓

4 关火，静置一会儿以余热加热至牛排中等熟。再稍微煎制几秒钟就会变成全熟。如果煎制时间过长，肉质会变硬，所以一定要切记。

⇓

6 放入炒制过的蔬菜和水芹等绿叶菜后即制作完成。

酥脆的口感给人以幸福的感觉

炸肉饼

酥脆的面衣包裹着土豆和奶油等多种材料。男女老少皆宜，是家庭餐桌上常会出现的一道菜品。

Keypoint

炸肉饼的材料

炸肉饼可使用多种材料制作。"资生堂茶餐厅"出品的炸肉饼口感黏糯爽滑，其秘诀在于搭配贝夏美酱汁。为了使口感变得恰到好处，可将火腿和小牛肉切得细碎并搭配酱汁食用。

Check 01

将面衣炸至漂亮的金黄色

基本上是将材料依次粘裹上面粉、蛋液、面包糠后进行炸制。"资生堂茶餐厅"出品的炸肉饼是经炸制上色后放入烤箱烤制而成的。

Check_02

锦上添花的酱汁

炸肉饼可搭配蔬菜肉酱汁、塔塔酱汁等多种酱汁食用。而"资生堂茶餐厅"的人气招牌为贝夏美酱汁和传统的番茄酱汁。

大正时期（1912～1926 年）广为流行的"炸肉饼之歌"

炸肉饼是何时出现于日本的尚未有定论，但是据说明治（1868～1912 年）初期的日本文献中第一次出现了其制作方法。文献中记载了现在土豆炸肉饼的制作方法。当时其名称还不是"炸肉饼"，直到明治中期才被正式命名为"炸肉饼"。炸肉饼自明治到大正时期开始走入寻常百姓家并迅速流行开来。大正 6 年（1917 年），"炸肉饼之歌"广为流行。

技艺传授人

资生堂茶餐厅
总厨师长
座间胜先生
"资生堂茶餐厅"于 1928 年开业，是一家西式餐厅。2010 年起担任总厨师长的座间先生在传承经典风味的同时不断推陈出新。

Data
资生堂茶餐厅
资生堂パーラー
地址／东京都中央区银座 8-8-3 东京银座资生堂大楼 4F、5F
电话 03-5537-6241
营业时间／餐厅 11:30～21:30（点餐截至 20:30）
公休日／周一（节假日正常营业）
http://www.shiseido.co.jp

法国的"croquette"传到日本变成了"korokke"

根据制作材料来说，常见的炸肉饼有土豆炸肉饼、炸肉饼、奶油炸肉饼等几种。自明治初期传入日本，其源头被广泛认为是法国。据说法语"croquette"传到日本变成了现在的"korokke"。银座"资生堂茶餐厅"的餐桌上出现这道炸肉饼，还是在 1931 年。菜品名称为"法式炸肉饼"。其出众的品相和美妙的味道为众人所喜爱，其好评度至今不减，是历任主厨传承至今的一道招牌菜品。

炸肉饼材料

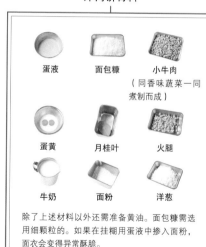

蛋液	面包糠	小牛肉（同香味蔬菜一同煮制而成）
蛋黄	月桂叶	火腿
牛奶	面粉	洋葱

除了上述材料以外还需准备黄油。面包糠需选用细颗粒的。如果在挂糊用蛋液中掺入面粉，面衣会变得异常酥脆。

炸肉饼的制作方法

材料（4 人份）

小牛肉（块）………… 500 克

香味蔬菜

洋葱………………………1 个
胡萝卜……………………1 根
欧芹茎……………………3 根

月桂叶……………………1 片
盐…………………………少许
火腿………………………100 克
洋葱（切碎）……………200 克
黄油………………………1 大匙

贝夏美酱汁

面粉…………………………40 克
黄油…………………………30 克
牛奶………………………400 毫升
蛋黄（加入少量牛奶）……2 个
月桂叶…………………………1 片
盐……………………………1 小匙
胡椒粉…………………………少许

面衣

面粉、蛋液、面包糠………各适量
色拉油…………………………适量
炸制用油………………………适量

专业技巧

用油炸制过后再用烤箱进行烤制

制作得内里软糯、外表酥脆的关键在于先将粘裹面衣的炸肉饼用油炸至上色再使用烤箱烤熟。这样一来，软糯爽滑的炸肉饼和焦香酥脆的面衣口感搭配美妙绝伦。在家中，也可用铝箔包裹炸肉饼放入烤面包炉中进行烤制。

1 将煮制好的牛肉放凉后切成 5 毫米见方的丁。

＊将小牛肉块加盐煮制。滤去浮沫，放入切成薄片的洋葱、胡萝卜、欧芹茎和月桂叶，边煮边滤去浮沫，煮至竹扦可穿透牛肉。

2 将贝夏美酱汁中的 30 克黄油放入锅中加热，以中火炒制面粉。待搅拌均匀后将锅从火上取下。

3 将加热至人体体温的牛奶全部倒入 **2** 中，加热搅匀至奶油状。煮沸后，搅拌大约 10 分钟。

本书特此教授银座"资生堂茶餐厅"传统美味的制作方法。其关
键在于保持牛肉鲜嫩的口感并搭配贝夏美酱汁食用。

4

将黄油放入另一
只锅中加热，以
中火炒制洋葱。

⇓

5

待洋葱变软后加
入 **1** 和切成 5 毫
米见方的火腿丁。

⇓

6

加入 **3**，放入月
桂叶、盐、胡椒
粉，以小火煮制。

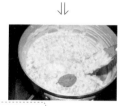

⇓

> 加入鸡蛋均匀加
> 热后馅料会变得
> 更加黏糯。

7

将锅从火上取
下，取出月桂叶，
在蛋黄中倒入一
点牛奶搅匀后缓
缓倒入锅中。

⇓

8

装入方形平底盘
中充分放凉。

> 在蛋液中掺入一
> 点面粉，炸制时
> 不易破裂。

9

手上蘸取色拉
油，将 **8** 团成
草袋形。粘裹上
面粉和蛋液。

⇓

10

将 **9** 中团成草
袋形的肉饼分
别粘裹上面包
糠。

⇓

11

将 **10** 放入加热
至 170℃的炸制
用油中进行炸
制。

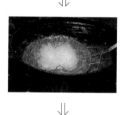

⇓

12

待 **11** 上色后捞出沥油，放入预
热至中温的烤箱中进行烤制。变
得蓬松后即制作完成。

menu

〈 05 〉

黏稠顺滑的酱汁是关键所在

奶汁干酪烩菜

奶油般的贝夏美酱汁是美味的关键所在，热乎乎的奶汁干酪烩菜在入口的瞬间即展现出神奇魅力，令人不由自主地感受到幸福的滋味。

Keypoint

贝夏美酱汁

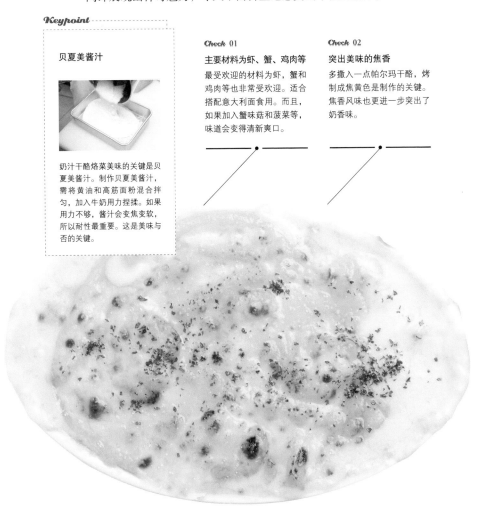

奶汁干酪烩菜美味的关键是贝夏美酱汁。制作贝夏美酱汁，需将黄油和高筋面粉混合拌匀，加入牛奶用力捏揉。如果用力不够，酱汁会变焦变软，所以耐性最重要。这是美味与否的关键。

Check 01
主要材料为虾、蟹、鸡肉等
最受欢迎的材料为虾，蟹和鸡肉等也非常受欢迎。适合搭配意大利面食用。而且，如果加入蟹味菇和菠菜等，味道会变得清新爽口。

Check 02
突出美味的焦香
多撒入一点帕尔玛干酪，烤制成焦黄色是制作的关键。焦香风味也更进一步突出了奶香味。

奶汁干酪烙菜的发源地是法国

奶汁干酪烙菜（gratin）在法语中的意思为"使用烤箱等将菜品的表面稍微烤制成焦黄色"。据说其词源是加热食材时误将其烤焦而来。在日本，多将使用贝夏美酱汁烤制而成的菜品称之为奶汁干酪烙菜，而其原本只是其中的一种。另外，据说通心粉传入日本时，意面奶汁干酪烙菜是烤箱菜的代表。

技艺传授人

Taimeiken
第三任主厨
茂出木浩司先生
从小学时代即出入厨房，于美国餐厅磨练过厨艺后，成为了"Taimeiken"的第三任主厨。在料理教室、杂志、电视节目等方面表现活跃。

Data

Taimeiken
たいめいけん
地址／东京都中央区日本桥 1-12-10
☎ 03-3271-2465
营业时间／（1 楼）11:00 ～ 21:00
（点餐截至 20:30）、周日、节假日
11:00 ～ 20:30（点餐截至 20:00）
（2 楼）11:00 ～ 15:00（点餐截至 14:00）、17:00 ～ 21:00（点餐截至 20:00）
公休日／（1 楼）无，（2 楼）周日、节假日
http://www.taimeiken.co.jp

以盘装烤制而成的奶汁干酪烙菜是烤箱菜的代表

在日本，奶汁干酪烙菜一般指的是以贝夏美酱汁拌鱼类、肉类、蔬菜、意大利面，撒入奶酪等以盘装形式烤制而成的菜品。贝夏美酱汁口感顺滑、奶香浓郁，是奶汁干酪烙菜的美味之所在。

1931 年开业的老字号西餐店"Taimeiken"自开业之初就一直有意面奶汁干酪烙菜这道菜品。这道菜仿佛可以勾起人们的怀旧感，为众多粉丝追捧喜爱。店内的奶汁干酪烙菜的特征为使用高筋面粉而不是低筋面粉制作黏稠的贝夏美酱汁。以丁香和番红花去除奶腥味是制作得浓香四溢的关键。

奶汁干酪烙菜材料

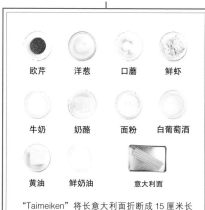

欧芹　洋葱　口蘑　鲜虾

牛奶　奶酪　面粉　白葡萄酒

黄油　鲜奶油　意大利面

"Taimeiken"将长意大利面折断成 15 厘米长的段使用。面粉使用高筋面粉。加入鲜奶油可增添浓郁口感。

鲜虾意面奶汁干酪烙菜的制作方法

\\ 贝夏美酱汁 //

材料（1升的量）

牛奶……………………1升
黄油……………………100 克
面粉（高筋面粉）……… 100 克
洋葱……………………1/2 个
月桂叶…………………1片
丁香……………………2 颗
番红花…………………1 小撮

专业技巧

将酱汁制作得黏稠顺滑的技巧

为了将贝夏美酱汁制作得黏稠顺滑，一定要在酱汁即将制作完成之前盖上锅盖，以极其微弱的文火煮制 10 分钟左右。焖煮可消除残余的粉状物。注意火候，为了不煳锅，一定要以极微弱的火煮制并不停地搅拌。

1 将牛奶、切成薄片的洋葱、月桂叶、丁香放入稍大一点的锅中以大火煮沸。浸入番红花煮至水变成红色。

不加丁香和番红花也能制作，但加入后味道更加专业。

2 将浸过水的番红花和黄油放入另一只锅中，加热使之熔化，注意不要使黄油变焦。加入面粉，不停地搅拌至无干粉。

3 改成小火，将**1**中的牛奶一点点地倒入**2**中搅匀。

4 待酱汁变得浓稠后，将**3**反复用力搅拌 4～5 次。待酱汁变得黏稠顺滑后，盖上锅盖以文火煮 10 分钟左右。

5 倒入方形平底盘中，于表面涂抹黄油后放入冰箱中冷藏保存。

此款意面奶汁干酪烙菜中的酱汁黏稠顺滑、虾仁鲜美弹牙，真是绝妙无比。花费时间精力制作出的贝夏美酱汁是成功的秘诀。

\\   鲜虾意面奶汁干酪烙菜   //

材料（4 人份）

通心粉	240 克	白葡萄酒	50 毫升
对虾	400 克	鲜奶油	100 毫升
洋葱（切碎）	1 个	奶酪	30 克
口蘑	4 朵	欧芹	少许
贝夏美酱汁	250 毫升	椒盐	适量
黄油	2 大匙	帕尔玛干酪	适量

1 将水煮沸，将加盐的意大利面煮制得筋道爽滑。

⇓

2 将黄油放入平底锅中加热熔化，加入洋葱翻炒。然后加入去除虾线的对虾、口蘑炒制。

⇓

3 在 **2** 中加入白葡萄酒，煮去酒精。

⇓

4 在 **3** 中加入贝夏美酱汁搅拌，再加入鲜奶油搅拌。最后加入意大利面。

⇓

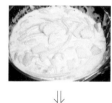

5 加入撕成小块的奶酪，撒入椒盐调味。

⇓

6 将 **5** 装入耐热器皿，撒上帕尔玛干酪放入预热至 220℃ 的烤箱中烤制 5 ～ 10 分钟直至表面变得焦黄。依个人喜好撒入欧芹。

甜美的圆白菜和鲜香的肉馅简直是绝配

圆白菜卷

咬上一口，香浓的肉汁从鲜软的圆白菜中喷薄而出。
其温和清新的滋味也深得孩子们的喜爱。

Keypoint

圆白菜需整个进行煮制

圆白菜卷味道制胜的关键在于圆白菜。圆白菜的质感相当重要。如果将圆白菜的菜叶一片一片撕下掰碎，会有损圆白菜的质感。因此需将圆白菜整个进行煮制，这样一来菜叶既不容易破损，也可以一片一片完整地撕下来。

Check_01

连筷子也能轻松插入的鲜软

将圆白菜去根后提前拍软硬的部分，煮至筷子可轻松插入。圆白菜鲜软的口感和香甜的滋味是关键所在。

Check_02

制作汤汁

酱汁多为高汤、番茄口味酱汁、奶油酱汁等。"新宿Akasia"使用的是培根风味的酱汁。

其起源为现在也广受欢迎的土耳其料理

- - - - - - - - - - - - - - - - - -

据说圆白菜卷起源于 1 世纪左右安纳托利亚半岛可品尝到的"dolma"这道菜。它是以葡萄叶包卷肉和大米等炖制而成的，是现在也广受欢迎的一道土耳其料理。据说于 15 ～ 16 世纪的俄罗斯等欧洲地区演变成了现在的圆白菜卷。圆白菜卷于何时传入日本尚未明确，但是圆白菜是江户末期至明治初期(1868 年前后)传入日本的。

技艺传授人

新宿 Akasia
店主
铃木祥祐先生
继承了自祖父时期开业的"新宿 Akasia"，是第三任店主，自幼即在厨房中帮忙卷制圆白菜卷。在传承传统风味的同时，积极听取采纳新时期的新声音进行改良创新。

- - - - - - - - - - - - - - - - - -

Data

新宿 Akasia
新宿アカシア
地址 / 东京都新宿区新宿 3-22-10
☎ 03-3354-7511
营业时间 / 11:00 ～ 22:30 (点餐截止)
公休日 / 周二

用圆白菜叶包卷肉馅的圆白菜卷是炖制菜品的代表

圆白菜卷是以圆白菜叶包卷拌入洋葱等调味的肉馅炖制而成的。形不散而菜叶鲜软是制作的要点所在。据说圆白菜卷的发源地是土耳其，现在虽然在材料和调味方面有不少差异，但是在世界各地都能品尝到。并且"rolled cabbage"是日式英语，其正式的名称应该为"cabbage roll"。1963 年于新宿开业的"新宿 Akasia"将 cabbage roll 正式列入菜单，其经典之作为"炖圆白菜卷"。这是一道以白酱汁为底制作的汤汁中融合圆白菜卷和炖菜的菜品。

圆白菜卷材料

色拉油　鸡架汤　圆白菜
黄油　蒜泥　混合肉馅
培根　面粉　洋葱

圆白菜叶偏硬，需炖至鲜软。酱汁中的培根为调味点缀之用，需切碎。

炖圆白菜卷的制作方法

材料（4 人份）

Ⓐ
混合肉馅……………………	200 克
洋葱（切碎）……………	60 克
盐……………………………	10 克
胡椒…………………………	2 克
大蒜（蒜泥）……………	2 克

圆白菜…………………………1 个
鸡架汤（也可使用市售品）
…………………………… 适量
椒盐……………………… 少许
黄油……………………… 少许

专业技巧

一定要将根周围拍软

提到圆白菜卷，其鲜软香滑令人难
以抵抗。因此，制作之前一定要用
小铁锤或刀柄等拍软根周围的菜
梗。一片一片地拍打十分费功夫，
但是经过如此拍打后制作出来的圆
白菜卷的口感却是十分不同的。汤汁
浸入梗部，会更加入味。

1

将Ⓐ中的材料拌
匀。

⇓

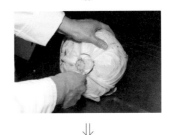

2

用小菜刀挖掉圆
白菜的根。

⇓

3

先将根部朝下煮
制，2～3 分钟
后翻面煮制。

接近菜根的部分
不容易煮熟，因
此要放回锅中继
续煮制直至煮熟。

⇓

4

圆白菜外层的菜
叶煮熟后，即可
剥下 2～3 片菜
叶。将剩余的圆
白菜放回锅中继
续煮。

⇓

圆白菜卷以白酱汁炖制而成，是非常受欢迎的一道菜。圆白菜卷
煮熟后静置1个小时左右会非常入味。

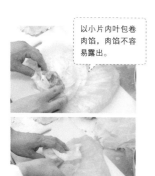

以小片内叶包卷肉馅，肉馅不容易露出。

 6

2个圆白菜卷为一组用绳子（也可使用风筝线）系起。

5 在2片外叶上铺2～3片内叶，将**1**放在离手近的一端包卷起肉馅后将两侧折起。

⇓

7 将**6**放入锅中，倒入没过圆白菜卷的鸡架汤进行炖制。时不时地翻一下面使圆白菜均匀受热。

以小火炖制1个小时以后将锅从火上取下，静置1个小时使之入味。

⇓

Column

酱汁的制作方法

材料	面粉························ 70克	培根（切丁）················2克
	色拉油······················ 30克	炖制圆白菜卷的汤汁 800 毫升

1   *2*   *3*   *4*

将色拉油加热至180℃左右，放入一半面粉以中火炒制，注意不要炒煳，其间需不停地搅拌。	待表面出现细小粒状物后一点一点地加入剩余的面粉搅拌。将面粉全部加入后关火，加入调味用的培根。	关火将炖制圆白菜卷的汤汁（80℃左右）倒入**2**中，搅拌使**2**融于汤汁中。	**2**融于汤汁后加热至表面出现细小粒状物，加入黄油搅匀。倒入圆白菜卷中即制作完成。

menu

〈 **07** 〉

对火候的控制是制作成功与否的关键所在!

烤牛肉

左右烤牛肉美味的是火候。
早早从烤箱中取出使之不要烤焦为第一准则。

Keypoint

表面烤制得恰到好处,而内里鲜嫩饱满

"镰仓山烤牛肉店"制作烤牛肉时,先以180℃烤制5～10分钟后以150℃烤制5～10分钟,再以120～130℃烤制10分钟。这样,牛肉会烤制得层次分明,表面焦香四溢而内里鲜嫩饱满。

*Check*_01

漂亮的桃红葡萄酒色是最美味的状态

肉面呈现出漂亮的桃红葡萄酒色是最理想的状态。牛肉在烤制之前放置至室温可更好地进行烤制。

*Check*_02

选用来带有网纹状脂肪的雪花牛肉

选用外观如"细雪飞舞",有着细小如霜降般斑点的牛肉制作烤牛肉为最佳。

烤牛肉源于英国的饮食文化

烤牛肉作为传统英国菜之一，在英国是周日午餐的主菜。过去，英国贵族有于周日宰杀一头牛制作烤牛肉，并以周日烤制的烤牛肉和炸薯条等来作为平日餐食的风俗。据说这样的风俗习惯也是除烤牛肉以外的菜品得不到发展的原因之一，也难怪会有"英国菜不好吃"这样的评价。

技艺传授人

镰仓山烤牛肉店 玉川店
店主
藤井先生
藤井先生是每天顾客都络绎不绝的玉川高岛屋S・C店的主厨。对烤牛肉可谓是无所不知，对肉质、部位、烤制火候的研究均十分透彻，由其制作出品的烤牛肉堪称极品。

Data

镰仓山烤牛肉店 玉川店
ロ一ストビ一フの店 鎌倉山 玉川店
地址／东京都世田谷区玉川 3-17-1 玉川高岛屋S・C南馆10F
☎ 03-3709-6118
营业时间／11:30～15:00（点餐截止）、17:00～23:00（点餐截至21:30）
公休日／同玉川高岛屋S・C

绝佳的烤制火候是专业厨师的精湛技艺！

烤牛肉，顾名思义就是以烤箱等将牛肉块烤制而成的菜品。烤制之前可使用平底锅煎制一下，也可放入腌汁中腌泡一会儿，其制作方法可谓多种多样，而"镰仓山烤牛肉店 玉川店"精选A4品级的牛肉仅使用椒盐调味，制作方法十分简单。其理由在于，"使用优质牛肉，不做过多调味，充分发挥食材本身的鲜香"。切取牛肉时，内里呈漂亮的桃红葡萄酒色为最佳。烤制完成后，静置一段时间是制作成功的关键。这样处理，可使肉质变得更加鲜嫩可口。

烤牛肉材料

海盐
使用大锅煮制日本海的海水制作而成的特制盐。这种海盐不会特别咸，有一种淡淡的特殊的香味。

黑胡椒
准备黑胡椒粒。推荐使用胡椒磨来碾磨成粉。

比起品牌，需选用肉质极佳的牛肉。精选上等雪花牛肉来制作。

牛肉

烤牛肉的制作方法

材料（常用量）

牛里脊肉…………… 约5千克

海盐…………………… 适量

黑胡椒………………… 适量

专业技巧

在家中烤制不会失败的窍门是什么？

500克～1千克的牛肉，需以180℃烤制10～15分钟后以150℃烤制10～15分钟。烤制完成后，可从烤箱中取出静置一会儿，也可以铝箔包裹以余温加热。使用肉类用温度计（如上图）查看内里的烤制情况比较方便。

1

将鲜肉从冰箱中取出静置一会儿，待其回温至室温后，在牛肉表面均匀地撒上盐。

⇓

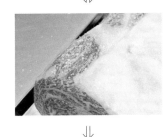

2

在表面的油脂上要多撒入一点盐。这样，可去除多余油脂。

⇓

3

在肉的表面、断面、底面同样撒上黑胡椒。

⇓

4

将烤箱预热至180℃，放入牛肉。

⇓

烤制之前可在油脂上多撒一点盐，这样可烤制得更加紧致美味。

关掉烤箱的电源，在烤箱内将牛肉焖制 10 ～ 15 分钟。

⇓

5
以 180℃烤制 5 ～ 10 分钟后以 150℃烤制 5 ～ 10 分钟（上色度如上图所示）。之后以 120 ～ 130℃再烤制10 分钟左右。

7
将牛肉切成 3 ～ 5 毫米厚的片，装盘后即制作完成。

Column

蒜香酱油的制作方法

材料	酱油……………… 600 毫升 高汤（也可使用高汤颗粒制作） …………………… 600 毫升	料酒………… 300 ～ 350 毫升 大蒜……………… 40 ～ 50 克

1   *2*   *3*   *4*

将蒜瓣放入搅拌器中搅打成蒜泥。

将蒜泥和其他所有的材料放入锅中加热。

如果以大火加热，在沸腾之前会变成如图所示的状态，因此在沸腾之前要关火。

以细网眼滤筛（过滤器）过滤。也可使用老式过滤器。过滤出的大蒜可用于制作鲣鱼松等。

装模烤制而成的原汁原味的肉类菜品

肉蓉糕

烤制完成后切分之时会更加感动。
一定会成为家庭宴会中的主角！

Keypoint

使用白兰地润饰添香

在肉馅中加入香辛料和香草，在盖上盖子之前浇入洋酒润饰添香。在此选用红葡萄酒和白兰地。尤其是白兰地，用于火烧（菜品制作完成时浇入酒精含量高的酒来添香的技艺）等的添香效果十分出色。

Check_01

以中心材料来表现情趣

这次放入的是水煮蛋，可将鸡蛋煮至半熟。除此之外，也可以放入西蓝花和胡萝卜等蔬菜及菌菇类，不管是品相还是味道都会很不错。

Check_02

肉馅在调味之前要不停地搅拌

将肉馅不停地进行搅拌是为了得到滑润的口感。搅拌之后再进行调味，以避免加盐调味后材料出水。

源自欧洲，于美国大为流行

日本的西餐虽然多采用法国料理的技法，但是却与众不同、独树一帜。而肉蓉糕在美国是一道非常大众的家常菜。《美国南部的家常菜》（Anonima Studio）一书的作者在其博客中写道："肉蓉糕源自欧洲，在世界性大萧条时期作为一道便宜量大的菜品在美国变得广受欢迎。"意大利肉丸和德国肉饼（肉蓉糕风味的香肠）也是类似于肉蓉糕的菜品。

技艺传授人

希尔顿东京御台场
主厨
佐佐木博章先生

隶属于地中海料理餐厅，在意大利进修过2个月磨练了厨艺。在此介绍的肉蓉糕虽未出现于菜单中，但却是主厨特别制作的。

Data

希尔顿东京御台场

ヒルトン東京お台場
地址／东京都港区台场 1-9-1
☎ 03-5500-5500（总机）
http://hiltonodaiba.jp/

香辛料、香草和洋酒
是菜品制胜的关键所在

　　肉蓉糕的材料基本上和汉堡肉饼的材料相同，但是其一大特征是将大量肉馅装入模具以烤箱烤制而成。烤制完成后俨然是一块"肉块"。中心若放入水煮蛋和色彩鲜艳的蔬菜，切分时的品相会十分出众。让我们跟着"希尔顿东京御台场"的佐佐木博章主厨学习肉蓉糕的制作方法吧。

　　"'型'是最难的。餐厅和酒店会使用陶罐来制作，但是在家中可使用磅蛋糕模具来制作。也可以用剪掉一侧的牛奶盒来制作。制作时可在模具内侧铺入烹饪用纸。"

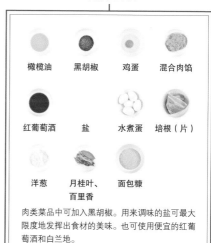

肉蓉糕材料

橄榄油	黑胡椒	鸡蛋	混合肉馅
红葡萄酒	盐	水煮蛋	培根（片）
洋葱	月桂叶、百里香	面包糠	

肉类菜品中可加入黑胡椒。用来调味的盐可最大限度地发挥出食材的美味。也可使用便宜的红葡萄酒和白兰地。

肉蓉糕的制作方法

材料（2人份）

混合肉馅	1.4 千克
橄榄油	适量
洋葱	100 克
面包糠	40 克
鸡蛋	1 个
盐	13 克
胡椒粉（黑胡椒）	3 克
培根（片）	200 克
水煮蛋	5 个
月桂叶	4 片
百里香	3 根
红葡萄酒	60 毫升
白兰地	30 毫升
月桂叶	1 片
盐	1 小匙
胡椒粉	少许

酱汁

橄榄油	30 毫升
大蒜（切末）	20 克
洋葱	60 克
罐装番茄（番茄酱）	360 克
红葡萄酒	250 克
伍斯特辣酱油	100 克
粗粒芥末酱	80 克
无盐黄油	30 克
椒盐	各适量

专业技巧

肉蓉糕酱汁的制作方法

1）将橄榄油倒入锅中，放入蒜末翻炒，加入洋葱以小火炒制 20 分钟。2）待洋葱变软后倒入红葡萄酒，煮至酒精味消失殆尽。3）加入番茄酱、伍斯特辣酱油、粗粒芥末酱煮制，加入椒盐、黄油调味后即制作完成。

不停地搅拌混合肉馅使之变得有黏性。加入盐继续搅拌。

⇓

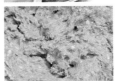

加入橄榄油、洋葱、面包糠、鸡蛋、椒盐，继续搅拌。

⇓

酒店主厨特别制作的肉蓉糕。将水煮蛋包裹其中，不管是口味还是品相都堪称一流。

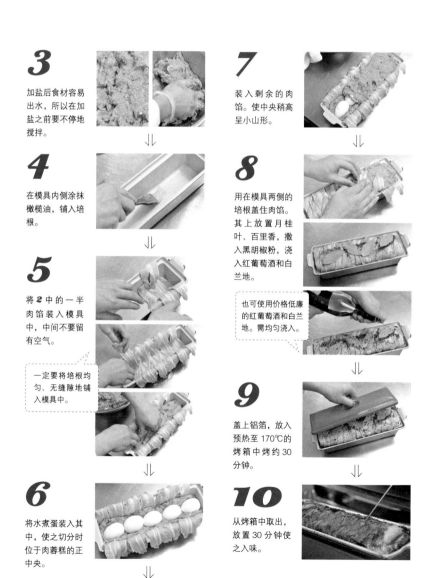

3
加盐后食材容易出水，所以在加盐之前要不停地搅拌。

⇩

4
在模具内侧涂抹橄榄油，铺入培根。

⇩

5
将 **2** 中的一半肉馅装入模具中，中间不要留有空气。

一定要将培根均匀、无缝隙地铺入模具中。

⇩

6
将水煮蛋装入其中，使之切分时位于肉蓉糕的正中央。

⇩

7
装入剩余的肉馅。使中央稍高呈小山形。

⇩

8
用在模具两侧的培根盖住肉馅。其上放置月桂叶、百里香，撒入黑胡椒粉，浇入红葡萄酒和白兰地。

也可使用价格低廉的红葡萄酒和白兰地。需均匀浇入。

⇩

9
盖上铝箔，放入预热至 170℃ 的烤箱中烤约 30 分钟。

⇩

10
从烤箱中取出，放置 30 分钟使之入味。

厚片猪肉搭配生姜堪称完美

生姜猪肉

日式生姜猪肉，酱油是制胜关键。
搭配米饭食用最为下饭。

Keypoint

猪肉需选用里脊肉，眼肉
为最佳

里脊肉即背部中间的肉，肉质
鲜嫩美味，是制作肉类菜品不
可或缺的部位。也适合用来制
作生姜猪肉。其中被称为眼肉
的肩部肉，肥瘦相间，是肥美
可口的食材。

Check_01

搭配圆白菜沙拉，营养均
衡

生姜猪肉中仅含脂肪和蛋白
质，营养方面差强人意。因
此需要加入圆白菜沙拉来均
衡营养。当然也很美味。

Check_02

生姜切末浸水

将青葱切末做装饰。同时将
生姜切成末。酱汁中也会加
入生姜，可将浸水后的姜末
加入沙拉调味汁中使调味汁
更加爽口。

History

生姜猪肉与生姜烤肉的差别

在生姜风味的猪肉菜品中，生姜猪肉和生姜烤肉是一样的或者相似的。将肉类烤制食用的菜品发源于法国，由于"太烫了无法食用"，才产生了以刀叉食用的方法。生姜猪肉从其名称以及厚片风格来看源自美国。生姜猪肉米饭也是承袭了这种风格。日本的生姜烤肉可能就是厨师受此启发加入酱油制成的和风菜品吧。

技艺传授人

航旅莉屋
店主
奥田幸央先生
于老字号西餐店和酒店餐厅等地磨练技艺后，为实现梦想于故乡町田开设了"航旅莉屋"这家店。

Data

航旅莉屋

航旅莉屋
地址／东京都町田市森野
2-31-4SkyHeights 涩谷Ⅱ 1F
☎ 042-727-7072
营业时间／11:30～13:30（点餐截止）、
18:00～21:00（点餐截止）
公休日／周日、节假日、第3个周一

选用肩脊肉，以暗刀烤制而成

西餐厅的生姜猪肉米饭，在厚片猪肉中划入暗刀，极富乐趣、无可取代。套餐店的人气套餐生姜烤肉与此道菜品非常相似。可能生姜烤肉就是日本厨师从美国菜生姜猪肉中得到启发加入酱油等制作而成的吧。

"航旅莉屋"是东京町田的一家非常受欢迎的西餐店，以制作厚片生姜猪肉而闻名。店主说："适合用来制作生姜猪肉的肉是里脊肉。其中被称为眼肉的肩部肉肥瘦相间，尤为适合，是异常肥美香甜的部位。厚度约为手指第一个关节的长度。"

生姜猪肉材料

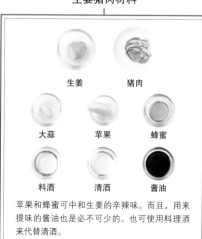

苹果和蜂蜜可中和生姜的辛辣味。而且，用来提味的酱油也是必不可少的。也可使用料理酒来代替清酒。

生姜猪肉的制作方法

材料（2 人份）

猪肉	……………………	400 克
椒盐	……………………	适量
高筋面粉	…………………	适量
色拉油	…………………	适量

Ⓐ
- 清酒 ………………… 30 毫升
- 料酒 ………………… 30 毫升
- 酱油 ………………… 30 毫升
- 生姜（带皮擦成泥）…… 15 克
- 大蒜（擦成泥）………… 1/2 瓣
- 苹果（去皮后擦成泥）… 20 克
- 蜂蜜 ………………… 15 克

沙拉调味汁用
- 生姜（切末）………… 适量
- 青葱（切末）………… 适量

专业技巧

在肋骨附近的肉中划入暗刀

里脊肉中被称为肋骨尖的肋骨附近的肉不易熟，煎制后也不易上色，一直是粉红色的状态），因此需划入暗刀使之均匀受热。

1

将肉切成手指第一个关节长的厚度。肋骨尖部分不易熟，因此需等间隔划入暗刀。

2

在肉的两面均撒上椒盐。

3

将高筋面粉放入大盆中，将肉的表面粘取面粉。

4

将油倒入平底锅中，以中火煎制。煎制上色后改用小火。

肉的厚度最好为"手指第一个关节的长度"。边尝味边耐心制作酱汁。

5 将白肉部分按于平底锅中小心煎出油脂。

⇓

6 盖上锅盖煎制3分钟左右，翻面煎制。

⇓

7 再煎制3分钟左右，关火倒掉多余的油脂。

⇓

8 将酱汁倒入平底锅之前加入少量分量外的清酒，倒入酱汁（40～50毫升）。

⇓

9 大火煮制。煮去酒精后即制作完成。

\\　　制作酱汁　　//

将Ⓐ中的材料搅匀制作酱汁

1 将生姜带皮擦成泥。

2 加入剩余的所有材料搅匀。

091

以西餐形式呈现法式鱼类菜品！

法式黄油煎鱼

诞生于法国的宴请鱼类菜品。
以西餐形式呈现，鲜美无比、极其下饭！

Keypoint

使用煎鱼用锅制作酱汁

在煎制石鲈和鲜虾的平底锅中，满是浓缩食材鲜美味道的精华。去除多余油脂，加入白葡萄酒、黄油和提味酱油可制作出特制酱汁。连同酱汁加入作料（欧芹和香芹）装盘可使色彩更加缤纷艳丽！

Check_01

精心摆盘呈现色彩斑斓的一品美食

鱼类菜品的色彩单调，因此可通过摆盘来达到色彩斑斓的效果。将圣女果一切为二，搭配水煮西蓝花和柠檬。

Check_02

搭配米饭食用，以酱油提味

活用煎鱼用油，加入白葡萄酒细工慢炖后以黄油调味。倒入酱油提味，极其下饭。

History

"面粉店家的女儿"于偶然间制作出的菜品

法式黄油煎鱼，就是将鱼粘裹上面粉以黄油煎制而成的法国料理。直译为"面粉店家的女儿（风味）"。据说，面粉店家的女儿制作煎鱼时不小心将鱼掉进面粉中，未抖落面粉直接进行煎制，而菜品却出乎意料地美味。面粉吸收水分，可牢牢锁住食材的美味，以黄油煎制，即使用清淡的鱼来制作也可补充油脂。虽说是于偶然之间产生的，但无论是从哪个角度来看都是合乎道理的制作方法。

技艺传授人

山手 Roche
主厨
小林良能里先生

先于横滨三越内"Roche"从业，后入"山手 Roche"担任主厨。小林先生说："论自由性和创作性，西餐比法国料理更高一筹，我最喜欢西餐。"爱好钓鱼，对鱼的习性和美味了如指掌。

Data

山手 Roche

山手ロシュ
地址／神奈川县横滨市中区山手町 246
KernelsCorner 1F
☎ 045-621-9811
营业时间／ 11:00 ～ 20:45（点餐截至 20:00）
公休日／周一（若逢节假日则第二天公休）

活用白身鱼制作 Roche 风味的法式黄油煎鱼

这道料理源自法国，使用白身鱼粘裹面粉以黄油煎制而成。面粉在鱼的表面形成一层薄膜，因此可牢牢锁住鱼的鲜美滋味。将鱼煎至焦黄，不管是品相还是口感都会一级棒。

"山手Roche"位于日本西餐发祥地之一的横滨，在店内可品尝到与众不同的法式黄油煎鱼。小林主厨说："今天制作的是法式黄油煎石鲈。其鱼皮十分鲜美，可带皮煎至焦香。将石鲈片成三片，片掉鱼骨。白身鱼的鱼骨既粗又硬，与其说是避免有损口感，不如说是因为十分危险！"

法式黄油煎鱼材料

石鲈　适合用来制作法式黄油煎鱼。也可以使用鲷鱼、鲑鱼（可作为白身鱼）等来制作。

鲜虾　可以使用小鲜虾和石鲈来一起制作法式黄油煎鱼。在这里使用牛形对虾来制作。

白葡萄酒　基本上肉类菜品使用红葡萄酒，鱼类菜品使用白葡萄酒来制作。白身鱼最好使用白葡萄酒来制作。

法式黄油煎石鲈的制作方法

材料（2人份）

石鲈······························1条
鲜虾（牛形对虾等小虾）···4只
椒盐····························适量
高筋面粉·······················适量
色拉油··························适量
白葡萄酒····················50毫升
黄油（含盐）················50克
作料（欧芹碎和青葱碎）···适量

配菜

圣女果（对半切开）······40克
黄油····························30克
西蓝花（水煮）···············1朵
柠檬（切成楔形）·········适量

专业技巧

1

自鱼头向鱼尾在鱼身上划入浅浅的刀口。

⇓

2

剔除虾线。切掉虾尾尖上的坚硬部分。

⇓

鱼的处理方法

使用刀背等刮掉鱼鳞。斜插入刀将鱼头和内脏切掉，沿鱼骨将带血的血管切掉，用水冲净血和脏东西后片成三片。片除鱼腹部的鱼骨，使用镊子等拔净鱼刺。

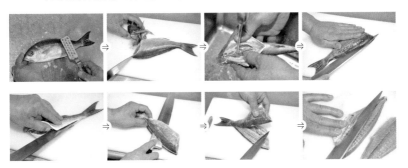

明明看起来很普通，为什么却如此美味？！亲手制作后自然就会
明白！

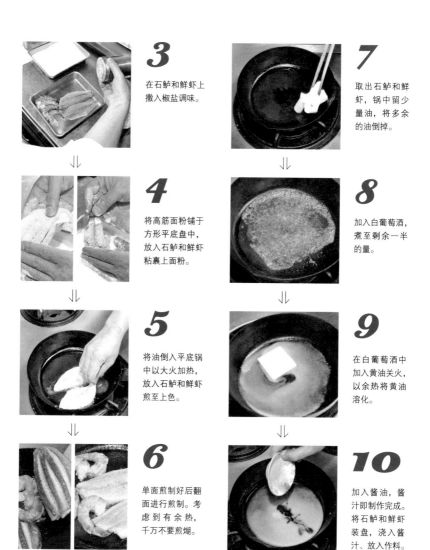

3 在石鲈和鲜虾上撒入椒盐调味。

⇓

4 将高筋面粉铺于方形平底盘中，放入石鲈和鲜虾粘裹上面粉。

⇓

5 将油倒入平底锅中以大火加热，放入石鲈和鲜虾煎至上色。

⇓

6 单面煎制好后翻面进行煎制。考虑到有余热，千万不要煎煳。

⇓

7 取出石鲈和鲜虾，锅中留少量油，将多余的油倒掉。

⇓

8 加入白葡萄酒，煮至剩余一半的量。

⇓

9 在白葡萄酒中加入黄油关火，以余热将黄油溶化。

⇓

10 加入酱油，酱汁即制作完成。将石鲈和鲜虾装盘，浇入酱汁、放入作料。

menu

〈 **11** 〉

每天都想享用的美味浓汤

蔬菜肉汤

只需将所有的蔬菜炖熟。
以酱汁来调整口味的必备款浓汤！

Keypoint

朝鲜辣酱风味的秘制酱汁

"绮·Luck"出品的蔬菜肉汤
需浇上朝鲜辣酱风味的酱汁。
在日本家庭，可原汁原味地食
用，也可加入芥末酱和酸奶油
食用，同样美味无比。将蔬菜
肉汤制作得清淡一些，酱汁可
充分发挥出食材的美味。

Check_01

美味来自于鸡架汤精

颗粒鸡架汤精是快速制作美
味汤品的法宝。但是汤精中
含盐，一定不要放太多。

Check_02

以作料来增加风味、锦上添花

装盘后，若有欧芹和香菜，
可切碎后撒入做装饰。另外，
也可加入酸橙汁使浓汤变得
清新爽口。

History

出门劳作之前开始炖制的家常菜

蔬菜肉汤原本只是一道法国乡土料理。在出门劳作之前将所有的蔬菜和肉放入大锅中，劳作归来时即制作完成。即使是法国农家，家中也普遍存放有葡萄酒，因此各家各户使用的食材和调味也各不相同。多数家庭会放入土豆，但是煮制时间一长，汤汁会变得混浊。因此，饭店一般不会使用土豆来制作，或者另起锅煮熟后再加入。也请大家尝试其他的制作方法。

技艺传授人

"绮·Luck"
店主
山口正典先生

二战后，山口先生的父亲于伊势佐木町开设了"Kiraku 西 餐 店"。这是一家以炖牛肉和汉堡肉饼为招牌菜的老字号西餐店。2 年前，因缘际会搬至此地改名为"绮·Luck"。

Data

绮·Luck
綺·Luck
地址／神奈川县横滨市西区宫崎町48-7OkutoMaison 樱木町
☎ 045-261-6619
营业时间／ 11:30 ～ 14:00、17:30 ～ 21:00
公休日／周三

依个人喜好改良法国家常菜

"提到蔬菜肉汤，总会给人一种精致时髦的感觉，但其原本只是一道法国家常菜。出门前将蔬菜和肉放入锅中炖煮，归来时正好炖熟……这是一道无人不知的常出现在家庭餐桌上的简单菜品。"店主如是说。

"但是，这款菜品可是饭店出品的。收人钱财提供菜品，就要制作得更加美味才好，因此我们在制作方法和调味等方面可是花费了不少功夫。"

"绮·Luck"出品的蔬菜肉汤需浇上秘制酱汁食用。酱汁使用朝鲜辣酱、芳香醋和香油等多种调味品和食材制作而成，这种味道正好合乎日本人的口味。

蔬菜肉汤材料

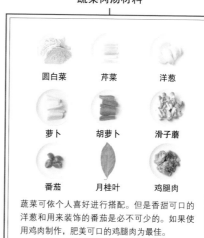

蔬菜可依个人喜好进行搭配。但是香甜可口的洋葱和用来装饰的番茄是必不可少的。如果使用鸡肉制作，肥美可口的鸡腿肉为最佳。

蔬菜肉汤的制作方法

材料（4 人份）

鸡腿肉……… 2 块（约 500 克）
椒盐…………………… 适量
洋葱……………………1 个
胡萝卜……… 中等大小 1 根
芹菜…………………… 1/2 根
圆白菜………………… 1/4 个
萝卜…………………… 1/5 根
番茄……… 中等大小 1 个
滑子蘑…………………1 盒
水……………… 600 毫升
鸡架汤…………………5 克

专业技巧

**将鸡肉放于根菜类之上炖制
容易炖得软嫩**

圆白菜、灰口蘑和番茄需稍后放
入炖制。以鸡肉压住蔬菜炖制，
蔬菜可炖至软烂，同时鸡肉也可
炖至软嫩。

1

将鸡肉切成一口可食
用的大小，撒入椒盐
放置 10 分钟左右。

2

将洋葱纵向 8 等分，
番茄纵向 4 等分。将
胡萝卜切两段后纵向
4 等分，萝卜和芹菜
切同样大小。将圆白
菜带芯切成最厚处为
3 厘米的楔形块。

3

将除圆白菜、番茄和
滑子蘑以外的蔬菜、
鸡肉放入大锅中，倒
入稍没过蔬菜和鸡肉
的水，加入月桂叶。

4

加入鸡架汤炖制。

任何食材都可以用来炖制蔬菜肉汤。那么，怎么来选用食材制作浓汤呢？

5

沸腾后撇净浮沫后用小火。

⇓

6

盖上锅盖小火咕嘟咕嘟炖制10分钟左右。

⇓

7

放入圆白菜、番茄和滑子蘑。以蔬菜做盖继续炖制。

⇓

8

再次盖上锅盖炖制15分钟左右。注意不要炖得过浓。

Column

酱汁的制作方法

材料

酱油	100 毫升
清酒、料酒	各 40 毫升
醋	30 毫升
芳香醋	20 毫升
朝鲜辣酱	10 克
砂糖	15 克
大蒜	1/2 瓣
香油	适量

1

将朝鲜辣酱放入大盆中，加入酒、料酒等液体调味品搅匀。

2

待搅匀后，加入其他材料，用打蛋器搅匀。

3

将大蒜擦成泥加入其中。

纯手工制作的绝品浓汤

玉米浓汤

只有纯手工制作才能享此美味。
在此介绍这款精心制作的玉米浓汤的制作方法。

Keypoint

加热可煮去面粉味

加热时加入的水溶低筋面粉，可起到油炒面的作用，使汤汁变得浓稠。但是，汤汁中会带有面粉味。通过长时间加热，可煮去面粉味，使浓汤变得更加美味。

*Check*_01

轻松实现细腻滑润的口感

最好选用新鲜玉米，经水煮过滤熬制浓汤，当然也可使用罐装玉米。将玉米汁以搅拌器搅匀，其口感会变得更加细腻滑润。

不知从何时起，提到浓汤就自然会想到玉米浓汤

在法国料理中，浓汤指的是所有的汤品。在日本，一般指的是在高汤（以牛腱子肉和牛骨等加入洋葱、芹菜等香味蔬菜熬制而成的高汤）中加入油炒面（以黄油炒制面粉）制作的汤品。此类浓汤在法国多使用胡萝卜、白四季豆等多种食材制作而成，而玉米浓汤正是此类浓汤中的一款。在日本普遍认为玉米浓汤始现于大正时期（1912～1926年）。

技艺传授人

赤坂津井

厨师

吉田勇也先生
在"赤坂津井"从业15年。忠于料理精神。"热制菜品需趁热，冷制菜品需趁冷呈现给顾客。"

Data

赤坂津井本店

赤坂　津つ井　本店
地址／东京都港区赤坂 2-22-24 泉赤坂大楼
☎ 03-3584-1851
营业时间／11:30～15:00（点餐截至14:30）、17:00～22:00（点餐截至21:30）
周六、周日、节假日 12:00～15:30（点餐截至15:00）、16:30～22:00（点餐截至21:30）
＊营业时间之内可点外卖
公休日／节假日的周一、第1、3个周日、年底年初

使用罐装玉米汁制作，口感会变得更加细腻

玉米浓汤，多为"方便省时"的市售品，但是纯手工制作的玉米浓汤的美味却是其不可取代的。玉米浓汤发源于西方。在此我们会跟着老字号西餐店"赤坂津井"学习其制作方法。

玉米鲜香美味，口感细腻滑润。虽说在店里大量制作可实现其绝妙美味，但将材料减半制作也应该同样美味。"关键在于，以搅拌器搅拌罐装玉米汁以实现其细腻滑润的口感。"店长河内隆诗先生如是说道。

玉米浓汤材料

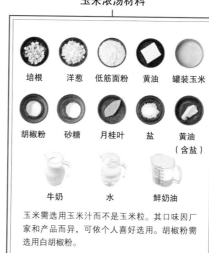

培根　洋葱　低筋面粉　黄油　罐装玉米

胡椒粉　砂糖　月桂叶　盐　黄油（含盐）

牛奶　水　鲜奶油

玉米需选用玉米汁而不是玉米粒。其口味因厂家和产品而异，可依个人喜好选用。胡椒粉需选用白胡椒粉。

⟨ 跟着"赤坂 津井"学 ⟩

玉米浓汤的制作方法

材料（常用量）

黄油······················ 10 克	月桂叶·······················1 片
色拉油·····················1 大匙	罐装玉米（玉米汁）
洋葱（切成大碎末）·····1 大匙	······· 2 大罐（约 800 克）
培根（切成大碎末）·····1 大匙	盐·························1 小匙
牛奶······················1 升	胡椒粉····················· 适量
水·························1 升	砂糖······················1 大匙
低筋面粉··················· 100 克	黄油（含盐）··········· 150 克
水（低筋面粉用）··· 200 毫升	鲜奶油················· 200 毫升

专业技巧

"低筋面粉"可使汤汁变得浓稠，但要煮去面粉味

如果只使用牛奶和水来制作汤汁，汤汁会十分稀薄。因此，可通过添加水溶低筋面粉来实现"油炒面"一般的口感。另外，需要长时间加热以去除面粉味，因此需以超小火至少熬制 50 分钟。

1

将黄油和色拉油放入锅中加热。

⇩

2

翻炒洋葱。

⇩

3

加入培根继续翻炒。

⇩

使用罐装玉米汁制作省时省力，但是一定要严把食材关。先依此
制作方法来制作、享用美味吧。

4
以小火将洋葱炒
软，加入培根继
续翻炒。

⇓

5
加入牛奶和水。

⇓

6
沸腾后加入以打
蛋器搅拌过的低
筋面粉。

⇓

7
加入月桂叶。

⇓

8
以超小火咕嘟咕
嘟熬制约 50 分
钟。

⇓

9
加入经过搅拌器
搅拌的细腻的罐
装玉米汁。

⇓

10
加入椒盐、砂糖
调味。

⇓

11
加入黄油、鲜奶
油，以小火熬制
溶化即制作完
成。

menu

〈 13 〉

可以使身体渐渐变暖的神奇汤品

洋葱汤

即使是再普通不过的食材，稍费功夫料理一番也会变得美味无比。

Keypoint

黄褐色的洋葱

用刀（也可使用切片机）将洋葱切成薄片，放入加了黄油的热平底锅中煎制。始终以小火加热，为了不炒煳，需不停地搅拌。图片中的洋葱为加热1个小时左右的状态。制作完成后，可放入冰箱冷冻保存。

Check_01

将法棍面包切成薄片稍加烤制

将可装入盛汤容器内的法棍面包切成5毫米厚的薄片，使用烤面包炉烤制，以使之浮于汤品表面。将法棍面包烤至干脆，但是不要烤上色。

Check_02

将蒜香发挥得淋漓尽致

将1瓣大蒜切成3等份，以汁液涂抹盛汤容器的内侧和面包两面。这样一来，蒜香可转移至汤中，汤汁入口时会带有淡淡的蒜香。

History

源自法国家常菜

在日本被称为洋葱汤，而在法国则被称为 soupe à l'oignon。常被作为简餐或"酒后主食"来食用，据说也有饮酒后第二天以洋葱汤代替早餐的人。在法国，各家各户均有"秘制高汤"，而这正是美味之所在。将煎制后的洋葱放入热汤中，加入烤制过的法棍面包片和奶酪放入烤箱烤制即制作完成。

技艺传授人

EDOYA
店主
手塚安久先生

"EDOYA"的第二任店主。厨艺精湛，好钻研。为寻旧时食谱常出入神保町。

＊现在，店内不提供洋葱汤这道汤品。

Data

EDOYA

EDOYA
地址／东京都港区麻布十番 2-12-8
☎ 03-3452-2922
营业时间／午餐 11:30 ～ 14:30（点餐截至 14:00）
晚餐 18:00 ～ 22:00（点餐截至 21:30）
公休日／周二、周三

洋葱和高汤二者必有其一需精心制作

只需尝上一口热气腾腾、新鲜出炉的洋葱汤，洋葱的甘甜味即会沁人心脾，令人回味。"虽然我很喜欢在店里品尝美味，但是还是希望自己也能制作出同样的美味"，持这种想法的人不在少数吧。

我们拜访了位于麻布十番的老字号西餐店"EDOYA"，店主手塚安久先生说："洋葱汤的美妙之处在于黄褐色的洋葱和高汤。店里使用的是秘制高汤。在家中制作时，可以使用市售高汤块加水制作高汤。但是，制作黄褐色洋葱时一定不能偷工减料。"

洋葱汤材料

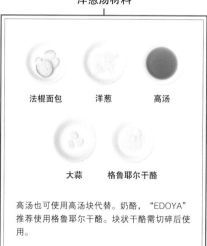

法棍面包　　洋葱　　高汤

大蒜　　格鲁耶尔干酪

高汤也可使用高汤块代替。奶酪，"EDOYA"推荐使用格鲁耶尔干酪。块状干酪需切碎后使用。

FOOD DICTIONARY ― YOSHOKU

洋葱汤的制作方法

材料（2 人份）

高汤···············	360 毫升	法棍面包（片）·············	4 片
洋葱···············	大个 1 个半	大蒜···········	1 瓣
椒盐（白胡椒粉）········	适量	格鲁耶尔干酪···········	6 大匙

1 将高汤倒入锅中加热。将面包片烤干。

2 将炒至黄褐色的洋葱放入 **1** 中的锅内。

专业技巧

黄褐色洋葱是汤品浓郁美味的关键

较之新洋葱，还是陈洋葱（一般为已上市的洋葱，距收获之时已有一段时间）更适于制作洋葱汤。新洋葱含水量大，而陈洋葱的辛辣味经加热可转变为独特的香甜味，所以推荐使用陈洋葱。炒制之前需切成薄片。

—— **1** —— —— **2** —— —— **3** ——

将黄油放入平底锅中使之熔化，以小火翻炒洋葱，注意不要炒煳。

翻炒一段时间（加热 30 分钟）后，洋葱会变成淡黄色。

加热 1 个小时后，洋葱会变成光亮的黄褐色，此时即制作完成。

从制作之初就不能偷工减料，需严格按照制作方法来制作。大家一定可以制作成功！

3 加入椒盐调味。

⇩

4 以大蒜涂抹盛汤容器的内侧和面包两面，增添蒜香味。

⇩

5 将 **3** 中的高汤盛入 **4** 的容器中，八分满即可。

⇩

6 将涂抹大蒜汁液的法棍面包片放在汤表面。

⇩

7 撒入奶酪。

⇩

8 将烤面包炉预热至180℃，烤至表面上色。

炖制时间愈长，其香味愈浓郁

清炖肉汤

在法国料理中作为经典开胃菜的清炖肉汤，
是经验老道的主厨技艺和心血的产物。

Keypoint

将蛋清与牛肉一起抓匀

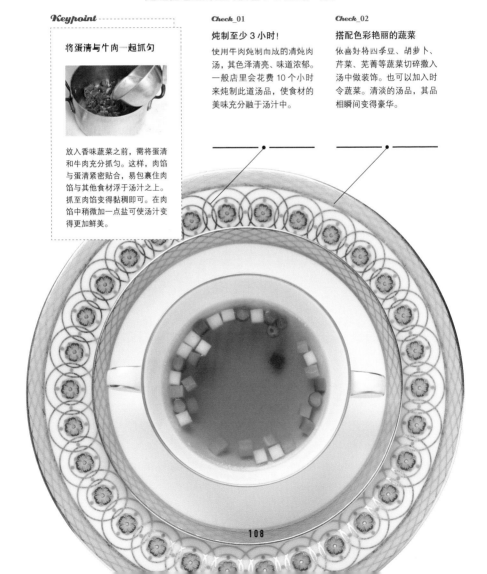

放入香味蔬菜之前，需将蛋清
和牛肉充分抓匀。这样，肉馅
与蛋清紧密贴合，易包裹住肉
馅与其他食材浮于汤汁之上。
抓至肉馅变得黏稠即可。在肉
馅中稍微加一点盐可使汤汁变
得更加鲜美。

Check_01

炖制至少 3 小时！

使用牛肉炖制而成的清炖肉
汤，其色泽清亮、味道浓郁。
一般店里会花费 10 个小时
来炖制此道汤品，使食材的
美味充分融于汤汁中。

Check_02

搭配色彩艳丽的蔬菜

依喜好特四季豆、胡萝卜、
芹菜、芜菁等蔬菜切碎撒入
汤中做装饰。也可以加入时
令蔬菜。清淡的汤品，其品
相瞬间变得豪华。

据说清炖肉汤是于 1549 年方济各·沙勿略（Francois Xavier, 1506—1552）来日之际传入日本的。清炖肉汤（Consomme）在法语中有着"完成"之意。其起源可追溯至中世纪。17 世纪，法国路易王朝将汤品列为正式菜式，汤品的历史可谓与法国料理的历史同样悠久。一般来说清炖肉汤主要使用以牛肉、鸡肉炖制而成的汤汁制作而成。味美香浓的清炖肉汤是主菜之前起开胃作用的不可或缺的汤品。

技艺传授人

横滨皇家花园酒店 Le Ciel 餐厅
主厨
铃木勇次先生
以"有益身体健康的法国料理"为概念，在充分发挥食材美味、创新经典法式菜品方面独树一帜。

Data

Le Ciel 餐厅

フレンチレストラン　ル　シエール
地址 / 神奈川县横滨市西区
Minatomirai2-2-1-3 68F
☎ 045-221-1155（餐厅预约电话）
营业时间 / 午餐 11:00 ～ 14:30（点餐截止）
＊周六、周日、节假日 11:00 ～ 15:00（点餐截止）
晚餐 17:30 ～ 21:00（点餐截止）
公休日 / 无

浓缩蔬菜精华的琥珀色汤品

　　花费时间精力炖制出的清亮琥珀色汤品。食材的美味充分融于汤汁之中，与其说是尽享汤品的原汁原味，不如说是畅享回味之无穷。横滨皇家花园酒店"Le Ciel"餐厅的铃木勇次主厨这样解读其奥义。

　　"关键在于花费时间炖制。待食材变软后，至少要以小火炖制3个小时。为了炖制出清澈透亮的汤汁，一定要耐心谨慎地处理食材，使之炖制时不散。"

　　制作出的清亮汤品令人分外满足。

清炖肉汤材料

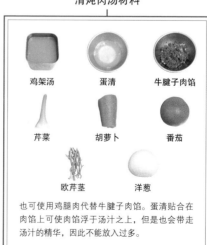

也可使用鸡腿肉代替牛腱子肉馅。蛋清贴合在肉馅上可使肉馅浮于汤汁之上，但是也会带走汤汁的精华，因此不能放入过多。

清炖肉汤的制作方法

材料（20 人份）

牛腱子肉馅………………1 千克
蛋清………………… 150 毫升
洋葱…………………………1 个
胡萝卜…………………… 1/2 根
芹菜…………………………1 根
番茄…………………………1 个
欧芹茎………………… 少许
青蒿………………………… 少许
高汤（也可使用市售品）…3 升

专业技巧

花费时间精力炖制

为了使食材的形完整不散，需使用汤匙舀取自锅中心涌出的汤汁，浇在火力不太旺盛的锅沿一周。

1 将牛肉与蛋清一起抓匀，直至肉馅变得黏稠，加入切成大块的蔬菜继续抓匀。

⇩

2 倒入高汤至锅沿下 2 厘米处，继续抓匀。为了不使肉馅和蛋清烫熟，高汤的温度接近人体体温即可。

⇩

走进厨房学习主厨亲传的清亮琥珀色清炖肉汤。里面有使汤品变得浓郁的秘密。

3 以大火炖制,为了使食材不沉入锅底,在炖制期间需不停地搅拌。如果汤汁的颜色变混浊,则轻轻地进行搅动。

⇊

5 从食材中心的小孔处轻轻地舀取汤汁倒入过滤器中。为了使汤汁保持清澈,一定要轻轻地舀取。

⇊

4 待食材凝固成形后,停止搅拌、改成小火。咕嘟咕嘟炖制,在食材的中心会自然形成一个小孔。

⇊

6 将 **5** 中过滤后的汤汁装盘,放入四季豆、胡萝卜和芹菜等色彩艳丽的蔬菜后即制作完成。

量大味美的西餐菜品

炸肉排

以面衣包裹厚片肉类炸制而成的炸肉排。
令人备感意外的是，"炸"肉排源于日本。

Keypoint

一定要掌握好炸制火候

炸制菜品时，何时出锅是最难掌握的。"炸制时，肉排会变轻，浮于油面。那就是该出锅的信号。"店主朝见先生如是说道。如果炸物完全浮于油面，肉质会变硬，所以掌握好炸制火候是至关重要的。一定要时刻注意，以筷子等夹取确认。

*Check*_01

一般使用蔬菜肉酱汁来制作

店里使用的是花费 3 天时间制作而成的蔬菜肉酱汁。店里多使用蔬菜肉酱汁来佐食炸肉排，当然也可以使用市售炸肉排专用酱汁。

*Check*_02

半熟至中等熟的炸制火候是肉排鲜嫩可口的秘密

店里一般会将里脊肉炸制成半熟至中等熟。漂亮的粉色为最佳，可尽享肉质的鲜嫩与美味。如果火候过了，肉质会变硬，一定要注意。

History

源自银座老字号西餐店的日式"炸肉排"

据说 1860 年福泽谕吉著《增订华英通语》中最先出现炸肉排一词。明治初期，使用以平底锅煎制的料理方法来制作炸肉排，1899 年用油炸制的"炸猪排"诞生于银座的"炼瓦亭（煉瓦亭）"中。此种料理方法在全日本广泛传播，确立了日本独特的"炸肉排"的风格。炸猪排和炸肉饼也是由炸肉排演变而来的。

技艺传授人

朝日西餐
店主
朝见俊次先生
1960 年开设为食堂。大约 20 年前第二任店主朝见先生继承铺之时，将店铺改为西餐厅经营。是一家评价不错、人气非凡的西餐店。

Data
朝日西餐
洋食の朝日
地址 / 兵库县神户市中央区下山手通 8-7-7
☎ 078-341-5117
营业时间 / 11:00 ～ 15:00
公休日 / 周六、周日、节假日

用油炸制是日式料理方法

炸肉排，是以牛肉、猪肉和鸡肉粘裹面粉、蛋液、面包粉用油炸制而成的日式西餐之一。所用食材为鱼类和蔬菜时，多称为"fry"。根据所用肉类的种类和部位，也可称为炸牛排、炸猪排等。

炸肉排的英语为"cutlet"，源于法语"cotelette"，原指使用平底锅煎制的粘裹面包粉的肉类菜品。如天妇罗一般用油炸制而成的炸肉排是日本独特的菜品，出现于日本明治时期（1968 ～ 1911 年）。大正时期（1912 ～ 1926 年），炸猪排、炸肉饼、咖喱并称为日本三大西餐菜品。

炸肉排材料

猪油
家庭制作时缺少猪油也无妨，但是炸制用油中加入猪油，炸出的肉排会更加味美香浓。

牛里脊肉
特点为油脂少、肉质软嫩。也可使用牛通脊肉来制作。

生面包粉
为了将炸肉排炸制得香脆可口，推荐粘裹生面包粉炸制。

面粉
"朝日西餐"将牛肉粘裹上面粉后放入冰箱中冷藏一会儿。

蛋液
为了易于粘裹面包粉。

炸肉排的制作方法

材料（4 人份）

牛里脊肉·················	400 克
面粉··················	适量
鸡蛋··················	适量
面包糠·················	适量
炸制用油···············	适量
猪油··················	适量
椒盐··················	少许

专业技巧

香脆可口的秘密在于放入冰箱中冷藏一会儿

香脆的口感是炸肉排的灵魂所在，但是牛里脊肉含水分较多，面衣易脱落。因此，"朝日西餐"将切成大片的牛肉裹面粉后放入冰箱中冷藏 30 分钟左右。这样，多余的水分会渗出，面衣也会均匀粘裹于牛肉之上，放入油中炸制后就变得香脆可口。

1
将牛肉切成厚 1 厘米左右的大片，撒入椒盐调味。

⇊

2
将牛肉均匀粘裹上面粉。

⇊

3
将 **2** 放入冰箱冷藏 30 分钟，水分会渗出。

⇊

4
将 **3** 再次均匀粘裹上面粉。

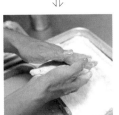

⇊

均匀粘裹上面包糠，以热油炸制成半熟至中等熟。使牛里脊肉中的水分渗出后再进行炸制是炸制得香脆可口的关键。

5

将**4**粘裹上蛋液。

8

炸制2分钟左右。可用筷子夹取确认，肉排浮于油面、变轻即可捞出。

6

将**5**粘裹上面包糠，将多余的面包糠抖落。

9

切成方便食用的大小。趁热切，可切分得干净利落。

7

将猪油放入炸制用油中加热至180℃，放入**6**。

面包糠放入油中，5～6秒后仍为白色，并四散开即可进行炸制。

猪油与炸制用油的比例为3:10。

Column

"朝日西餐"出品的蔬菜肉酱汁

"朝日西餐"出品的蔬菜肉酱汁，是以牛筋和香味蔬菜炒制后炖制2天，再加入褐色酱汁炖制1天而成的。清新浓郁，搭配炸肉排等炸制菜品和汉堡肉饼食用美妙无比。

1 翻炒牛筋、香味蔬菜，炖制2天。

2 加入褐色酱汁炖制1天，最后进行过滤。

包罗各种美味的一品美食

双炸海鲜

将味道与口感各异的食材炸制得鲜香酥脆、汇为一盘的双炸海鲜。
食材可任意搭配，是西餐中的翘楚。

Keypoint

塔塔酱汁

塔塔酱汁是炸制菜品不可或缺的酱汁。"七条餐厅"出品的塔塔酱汁，是在蛋黄酱中加入水煮蛋、洋葱、刺山柑、西式泡菜搅拌而成的自家制酱汁。醇厚香浓，虽微微带有一点酸味，但却可以发挥出炸制菜品的鲜香美味。

Check 01

馅料丰富的香炸蟹肉奶油饼

"七条餐厅"出品的香炸蟹肉奶油饼，使用蟹肉、蘑菇和洋葱制作而成。面衣炸制得酥脆，酱汁丰富黏稠。

Check 02

酱汁为中浓酱汁

酱汁为中浓酱汁。"七条餐厅"一直选用同品牌酱汁。虽说自家制塔塔酱汁也很美味，但是这种中浓酱汁却让人欲罢不能！

谁是炸制菜品的首创人？

炸制菜品多种多样，于何时、何地出现存在着多种说法。其中一种说法为，明治时期（1868～1911年）后半期，位于东京银座的西餐店"炼瓦亭（煉瓦亭）"首创炸肉排，首创人木田元次郎先生由此得到启发，认为所有食材均可用油炸制，于是开启了炸制菜品的大门。据说，不仅仅是香炸鲜虾和香炸牡蛎，连搭配圆白菜丝佐伍斯特辣酱油的食用方式也同样来自于木田先生。

技艺传授人

七条餐厅
店主兼主厨
七条清孝先生

"七条餐厅"于1977年开业。清孝先生为第二任店主，自学研究厨艺，后于法国料理主厨北岛素幸先生手下磨练技艺、积累经验。

Data

七条餐厅

レストラン七條
地址／东京都千代田内神田 1-15-7
AUSPICE 内神田 1F
☎ 03-5577-6184
营业时间／ 11:30～14:00（点餐截止）、18:00～22:00（点餐截至 20:30）（周六仅中午营业）
公休日／周日、节假日

酥脆、醇厚的交响曲

炸制菜品是以鱼类和蔬菜等食材粘裹面衣用油炸制而成的。面衣需依次粘裹面粉、蛋液、面包粉，因此比粘裹面粉和鸡蛋搅拌而成的面衣的天妇罗厚，粘裹面包粉炸制，面衣会变得酥脆可口，这也是炸制菜品的魅力之一。使用牛肉、猪肉、鸡肉等炸制的菜品被称为炸肉排。

明治18年(1885年)位于银座的"炼瓦亭"制作提供炸猪排后，随着炸肉排日渐变得受欢迎，使用多种食材的炸制菜品也应运而生。双炸海鲜就是其中之一，其装盘十分豪华。用来制作炸制菜品的食材无特殊规定，可自由选择搭配。

双炸海鲜材料

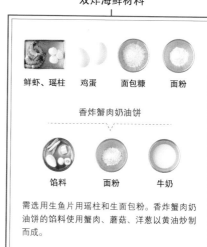

鲜虾、瑶柱　鸡蛋　面包糠　面粉

香炸蟹肉奶油饼

馅料　面粉　牛奶

需选用生鱼片用瑶柱和生面包粉。香炸蟹肉奶油饼的馅料使用蟹肉、蘑菇、洋葱以黄油炒制而成。

117

双炸海鲜的制作方法

材料（3 人份）

鲜虾（冷冻）················	6 只
瑶柱（生鱼片用）·········	3 个
面粉·······················	适量
鸡蛋·······················	2 个
面包糠·····················	适量

香炸蟹肉奶油饼

螃蟹（蟹肉）············	30 克
洋葱·······················	1/4 个
蘑菇·······················	2 个
黄油·······················	27 克
面粉·······················	34 克
牛奶·······················	200 毫升
椒盐·······················	适量

专业技巧

怎样将鲜虾炸得笔直？

将鲜虾炸得笔直的秘密：去除虾线后，在虾腹一侧斜着划入刀口，使用手指使劲按压会听到筋断裂的声音，这样就可以使之变得笔直。第 2 次粘裹面包粉之前用手翻转成形则会变得更加笔直。

1

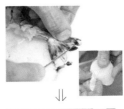

将盐、小苏打撒入水中，将虾解冻。将虾剥皮后切掉虾尾尖。

⇩

2

在处理好的虾和瑶柱中撒入一点盐。

⇩

3

粘裹面粉。将蟹肉饼粘裹面粉后团制成形。

⇩

4

粘裹蛋液。抖落多余的蛋液粘裹面包糠。

⇩

为了同时炸制出锅，需选用大小相当的食材。无论哪一个一口咬下去都是热乎、酥脆的秘诀就在这里！

5 将鲜虾再次放入蛋液和面包粉中。以手按压使面衣粘裹得蓬松。

均匀粘裹上面包糠。将鲜虾整理成掸子形。

6 放入 180℃的热油中炸制 2 分半～3 分钟。

7 将瑶柱炸制得中央稍留有未熟的状态，这样会鲜嫩多汁。

8 装盘。放入沙拉和塔塔酱汁。

Column

香炸蟹肉奶油饼的馅料的制作方法

1 将蟹肉去掉软皮，将洋葱和蘑菇切成 1 毫米厚的薄片。将黄油放入锅中，以文火翻炒洋葱 10 分钟左右。待洋葱变软后加入蘑菇、蟹肉，以椒盐调味翻炒 2～3 分钟。

2 将黄油放入锅中加热，熔化后加入面粉搅拌均匀。如图出现细小泡沫后，分 5 次加入另起锅加热过的牛奶。

3 一点点地加入牛奶。搅拌均匀后再次加入牛奶，直至牛奶和面粉融为一体。将所有的牛奶加入后，会变得如图中一样黏稠。加入椒盐调味。

4 加入 **1** 中的材料。关火，装入浅口方形平底盘中，为了使表面不变干，需加盖保鲜膜，放凉后放入冰箱中冷藏 1 个小时左右。

menu

〈 17 〉

面衣酥脆可口、肉饼鲜嫩多汁

炸肉饼

内里的肉饼犹如汉堡肉饼一般。
只要掌握此道菜品的制作方法，你也可以变身为西餐达人。

Keypoint

酱汁同样必不可少

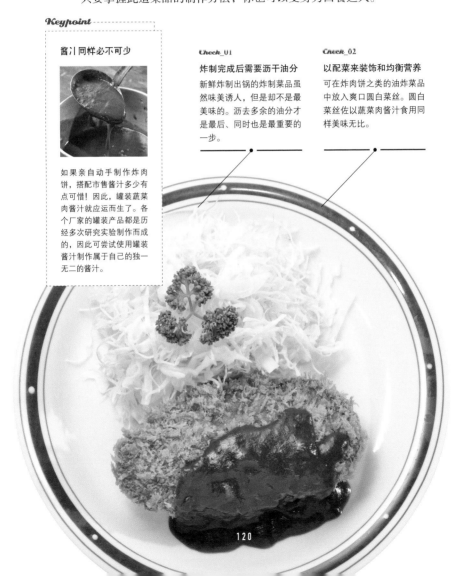

如果亲自动手制作炸肉饼，搭配市售酱汁多少有点可惜！因此，罐装蔬菜肉酱汁就应运而生。各个厂家的罐装产品都是历经多次研究实验制作而成的，因此可尝试使用罐装酱汁制作属于自己的独一无二的酱汁。

Check_01

炸制完成后需要沥干油分
新鲜炸制出锅的炸制菜品虽然味美诱人，但是却不是最美味的。沥去多余的油分才是最后、同时也是最重要的一步。

Check_02

以配菜来装饰和均衡营养
可在炸肉饼之类的油炸菜品中放入爽口圆白菜丝。圆白菜丝佐以蔬菜肉酱汁食用同样美味无比。

120

History

兼收并蓄的日式西餐

炸肉饼是诞生于日本的西式菜品。其发源地众说纷纭。其中，诞生于明治至大正时期浅草一带的说法为大众所熟知。当时的浅草是东京首屈一指的繁华街。伴随着文明开化，饮食生活也日趋西化，权贵们好食西式菜品。炸肉饼中的肉饼好似汉堡肉饼，而面衣却有似炸焦肉排。当时风行一时的西餐店中提供同样风行一时的汉堡肉饼和炸肉排，据说炸肉饼正是使用汉堡肉饼炸制而成提供给后厨人员的餐食。

技艺传授人

炸肉排四谷 Takeda
店主
竹田雅之先生
前身为"艾丽丝西餐"，后改名为"炸肉排四谷 Takeda"，专门提供炸制菜品。得到了四谷广大学生和上班族的支持。

Data

炸肉排四谷 Takeda
かつれつ四谷たけだ
地址／东京都新宿区四谷 1-4-2 峰村大楼 1F
☎ 03-3357-6004
营业时间／ 11:00 ～ 15:00（点餐截止）、17:00 ～ 21:00（点餐截止）
＊周六仅中午营业
公休日／周日、节假日

整理成形、控制温度、沥干油分是制作炸制菜品的关键

　　炸肉饼是一道人见人爱的美食。其中，以坐在以炸制菜品闻名的西餐专门店享用的炸肉饼最为美味。人气名店"炸肉排四谷 Takeda"的店主，在此教给我们炸肉饼的制作方法和制作炸制菜品的秘诀。"馅料与汉堡肉饼的馅料基本相同。煎制的汉堡肉饼中央需留有凹陷，而炸肉饼需团制成橄榄球状以挤出空气，并在粘裹面包糠炸制之前压成饼状。油温需控制在168℃左右。若无温度计，将面包粉放入油中沉下后迅速浮起时的油温为170℃，因此，比该油温稍低一点的温度即为168℃。"

炸肉饼材料

面包糖
准备 1 杯左右即可。也可依个人喜好选用生面包粉。

混合肉馅
即使使用便宜的肉，只需加入少量和牛肥肉也会变得美味。

洋葱
切碎使用。若想保留些许口感，可切成稍大一点的碎块。

鸡蛋
需准备和入馅料中和制作面衣的份。

炸肉饼的制作方法

材料（2人份）

Ⓐ
混合肉馅……………………	300 克
洋葱（切碎）……………	75 克
鸡蛋……………………	M 号 2 个
盐……………………	1 小匙
黑胡椒………………	1/2 小匙
肉豆蔻……………………	少许
低筋面粉…………………	适量
蛋液……………………	M 号 3 个
面包糠……………………	1 杯

专业技巧

使用剩余的蔬菜制作美味的蔬菜肉酱汁

平时将做菜剩余的蔬菜、蔬菜皮和牛筋等冷冻保存起来。将这些食材炒熟后放入水中炖制，加入红葡萄酒。将汤汁过滤后，加入市售罐装蔬菜肉酱汁搅匀，最后加入固体清炖肉汤、少量番茄酱和月桂叶调味。这样一来，即可制作出地道的蔬菜肉酱汁。

1

将除了混合肉馅以外的所有Ⓐ中的材料放入人盆中。

⇊

2

为了将椒盐搅匀，可用手来搅拌。

⇊

3

放入混合肉馅，用力搅拌直至肉馅变得黏稠。

⇊

4

取方便食用的量，团制成橄榄球状以挤出空气。

⇊

炸制菜品专门店亲传技艺的大放送！亲自动手制作一下，定会惊
觉异常简单。大家赶快行动起来吧。

5

将低筋面粉铺于
方形平底盘中，
放入 **4**，均匀粘
裹上面粉。用手
拂去多余的面粉。

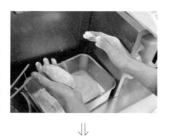

⇩

6

将 **5** 粘裹上蛋
液，再粘裹上一
层面包糠。自上
而下轻轻按压，
将肉饼整理成约
3 厘米厚。

⇩

7

这样肉饼就制作
完成了。

炸制炸肉饼

1

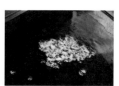

先以面包糠确认油温，将肉饼
放入加热至 168℃ 左右的炸制
用油中。

2

下沉浮起后，翻面进行炸制。

3

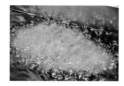

油炸声音发生变化、间隔变短
后，捞出。

4

放入方形平底盘中，静置 1 分
半钟左右沥干油分。

已经确立了其国民美食的地位

咖喱

在"西餐"的世界里，日式咖喱实现了其独具一格的进化。
风格多变、喷香美味的咖喱瞬间将人们俘获。

Keypoint

咖喱酱汁底汤

负责制作咖喱的厨师说："加入材料和咖喱粉之前的咖喱酱汁底汤是左右咖喱味道的重要因素。""三笠会馆"使用的咖喱酱汁底汤是在香浓的鸡汤中加入鸡脖、蔬菜和香辛料慢慢炖制后静置一晚，放凉成果冻状的咖喱酱汁底汤。

Check_01

多种材料演绎不同风格、口味

咖喱的材料多为蔬菜和肉类等，而此款鸡肉咖喱中不但有鸡翅尖，还有鸡胗。旧时多选用整鸡制作，让人依稀从中感到一丝丝的怀旧气息。

Check_02

未使用面粉制作而成的咖喱酱汁

咖喱酱汁多使用面粉做的油炒面来制作，但是"三笠会馆"却一反常规，利用鸡汤冻、蔬菜、水果和咖喱粉来使酱汁变得浓稠。

自明治初期（约 1868 年）迅速流传的日式咖喱

咖喱原产于印度，后传入欧洲。明治初期，英国发明的咖喱粉传入日本。之后，咖喱迅速融于日本的饮食文化。大正及昭和初期（1920 年前后）销售咖喱粉的店家如雨后春笋般出现。在以咖喱闻名的"中村屋"中诞生了"印度咖喱"。另外，固体咖喱的诞生在日本的咖喱史上画上了浓墨重彩的一笔。咖喱就这样成为了广大国民所喜爱的美食。

技艺传授人

银座西餐 三笠会馆
厨师长
佐佐木雅浩先生
重新审视"三笠会馆"的创始初衷——西餐，于2007年开设了"银座西餐三笠会馆"。佐佐木先生在继承传统的同时，不断改良创新、精益求精。

Data

银座西餐 三笠会馆
銀座洋食　三笠會館
地址／东京都丰岛区南池袋 1-28-2 池袋 Parco 7F
☎ 03-3987-4411
营业时间／ 11:00～15:00（点餐截止）、15:00～22:00（点餐截止）
公休日／无
http://www.mikasakaikan.co.jp

"西餐"中的日式咖喱可谓独具一格

明治时期，咖喱从英国传入日本。现在，大家不费吹灰之力就能享用到印度咖喱、泰国咖喱等地道美味的咖喱，而"西餐"咖喱多指搭配米饭一起食用的"咖喱饭"。文明开化之后，在传入日本的诸多饮食文化中，咖喱实现了其独具一格的进化。"三笠会馆"的招牌菜——印度风味特色鸡肉咖喱诞生于昭和（1926～1989年）初期。店内的所有咖喱菜品，皆自咖喱专用高汤的制作开始，此高汤历经多道工序耗时3天制作而成。然后再使用加入香浓高汤的咖喱酱汁底汤来制作咖喱酱汁。

咖喱材料

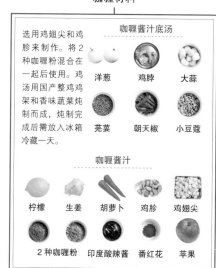

选用鸡翅尖和鸡胗来制作。将2种咖喱粉混合在一起后使用。鸡汤用国产整鸡鸡架和香味蔬菜炖制而成，炖制完成后需放入冰箱冷藏一天。

咖喱酱汁底汤：洋葱、鸡脖、大蒜、芫荽、朝天椒、小豆蔻

咖喱酱汁：柠檬、生姜、胡萝卜、鸡胗、鸡翅尖、2种咖喱粉、印度酸辣酱、番红花、苹果

〈 跟着"银座西餐 三笠会馆"学 〉

印度风味鸡肉咖喱的制作方法

\\\ **咖喱酱汁底汤** ///

材料（10 人份）

咖喱酱汁底汤

鸡汤	1.4 升
洋葱	400 克
鸡脖	400 克
大蒜	8 克
无盐黄油	18 克
朝天椒	1 个
小豆蔻	1.2 克
芫荽	0.5 克

专业技巧

注意不要将咖喱粉炒糊

在炖制之前将咖喱粉进行炒制是十分重要的一步。炒制一会儿，会唤醒咖喱，使之变得更加浓郁。但是，一定要掌握好火候，不要使香味流失。另外还要注意不要将咖喱粉炒糊。如果炒糊，咖喱会变苦，而这种苦味是消散不了的。

1 将黄油和大蒜放入锅中，加入掰碎的朝天椒翻炒。

⇓

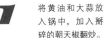

2 加入切成块的洋葱，翻炒至变软。加入拍打并划入刀口的鸡脖翻炒。

3 倒入鸡汤煮至沸腾。

⇓

4 加入芫荽粉和小豆蔻粉，炖制 4 个小时后放入冰箱中冷藏一晚。

Column

鸡汤的制作方法

"三笠会馆"会花费整整一天时间来炖制鸡汤。虽然十分耗时耗力，但是为了能提供美味的咖喱，还是不能偷懒的。需依次加入 1.5 千克整鸡鸡架和蔬菜（200 克洋葱、100 克胡萝卜、少许芹菜）以小火炖制，炖制完成后放入冰箱中冷藏一晚。如果用来制作咖喱，可比平时制作得更加浓郁一点。

1 将仔细处理过的鸡架和香味蔬菜放入 5.5 升水中，小火炖制成清澈透亮的高汤。

2 将清澈透亮的高汤放入冰箱中冷藏一晚使之变得更加浓郁。

"三笠会馆"耗时3整天制作经典美味咖喱，细工慢炖正是咖喱制作的妙趣之所在。

\\\　　　　咖喱酱汁　　　//

材料（10人份）

咖喱酱汁		大蒜	10 克
咖喱酱汁	0.7 升	生姜	12 克
鸡翅尖	500 克	柠檬汁	少许
苹果	1.5 个	番红花	少许
胡萝卜	65 克	无盐黄油	13 克
印度水果酸辣酱	28 克	咖喱粉	55 克

1
将咖喱酱汁底汤放至常温，一边碾压搅拌一边过滤。

⇓

2
将苹果、胡萝卜、大蒜、印度水果酸辣酱和**1**倒入搅拌器中搅拌，倒入锅中煮至沸腾。

煮至汤面泛起细小气泡，一定要充分搅拌。

窍门在于将经炒制唤醒的咖喱粉的香味充分融入汤汁中。

⇓

3
将炒制后的咖喱粉加入**2**中。将生姜擦成泥，流出的生姜汁加入锅中炖制。

⇓

4
将鸡翅尖切两半，刷上油放入预热至250℃的烤箱中烤至上色。

⇓

5
将**4**中的鸡翅尖和煎制过的鸡胗放入**3**中炖制。

⇓

6
将鸡翅尖炖至香软后，与鸡胗一同捞出。

⇓

7
最后加入柠檬汁、番红花、黄油调味，倒入**6**中捞出的鸡肉上静置一晚使之入味。

FOOD DICTIONARY ｜ YOSHOKU

制作起来虽有难度，但却妙趣横生

番茄肉酱意面

唤醒对学校配餐的记忆，勾起在百货店餐厅中的回忆……
研发出此款意面的酒店的人气主厨在此大方公开其制作方法。

Keypoint

需将材料切得细碎

长谷厨师长说："需将番茄去皮后切成方块。将大蒜和洋葱切得非常细碎。这样，虽然感觉不到蔬菜的口感，但是却能尽享蔬菜的美味。"另外，一定要选用新鲜材料。

Check_01

意面需提前进行煮制

在意面的家乡意大利，一般将意面煮至留有白芯、有筋道即可。为了迎合日本人的口味，在日本，多使用煮软的意面来制作番茄肉酱意面。

Check_02

新鲜番茄＋纯番茄酱成就其正宗美味

一般的茶餐厅等多使用番茄酱制作，而其创始人则使用新鲜番茄＋纯番茄酱来创造出丰富多变的口感。类似于意大利的番茄意面。

从美国大兵那里得到的启发

在横滨，时常可以看到美国大兵以番茄酱佐食意大利面的情景。受此启发，新格兰德酒店的第二任总厨师长创造出了番茄肉酱意面这道菜品。其食材之豪华、制作手法之精妙纯熟，不愧为酒店出品。其中，需使用纯番茄酱，而不是普通的番茄酱。

技艺传授人

新格兰德酒店 The CAFE 餐厅
厨师长
长谷信明先生
"The CAFE" 气氛轻松休闲，令人思绪不由得飞往西海岸。
而店内一直沿用入江茂忠先生首创的番茄肉酱意面的制作方法。

The CAFE 餐厅

レストラン　ザ・カフェ
地址／神奈川县横滨市中区山下町 10
新格兰德酒店 1F
☎ 045-681-1841
营业时间／ 10:00 ～ 22:00
公休日／无
http://www.hotel-newgrand.co.jp

番茄肉酱意面诞生于横滨

　　番茄肉酱意面是西餐中的经典菜品。在很多人的印象中可能只是一道以番茄酱进行调味的简餐，但这道由横滨新格兰德酒店（Hotel New Grand）首创的菜品却产生于特定的历史背景之下。

　　新格兰德酒店诞生于 1927 年。来自巴黎酒店的瑞士主厨 Saly Weil 先生担任第一任总厨师长。众所周知，他将西餐文化深深植根于日本。二战后，酒店由驻军接手，入江茂忠先生担任第二任总厨师长。继往开来之作即为番茄肉酱意面。入江总厨师长想到了使用大蒜、新鲜番茄、纯番茄酱等来制作酱汁的创意。

番茄肉酱意面材料

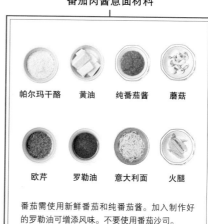

| 帕尔玛干酪 | 黄油 | 纯番茄酱 | 蘑菇 |
| 欧芹 | 罗勒油 | 意大利面 | 火腿 |

番茄需使用新鲜番茄和纯番茄酱。加入制作好的罗勒油可增添风味。不要使用番茄沙司。

番茄肉酱意面的制作方法

材料（酱汁和贝类为 6 人份，意大利面为 1 人份）

火腿······	80 克
新鲜蘑菇······	3 个
大蒜（切碎）······	1 瓣半
洋葱（切碎）······	1 个半
番茄（大个、切成方块）···	2～3 个
纯番茄酱······	60 克
意大利面（提前煮制好）·····	180 克
橄榄油······	30 毫升
黄油······	15 克
白胡椒粉······	少许
盐······	少许

罗勒油

橄榄油······	50 毫升
罗勒······	30 克

专业技巧

不使用番茄酱才能成就正宗美味

番茄会影响番茄肉酱意面的口味。将新鲜番茄焯水剥皮后加入，再倒入纯番茄酱。不仅可以增加清爽的酸味，还可以使口感变得细腻柔和。现如今多使用番茄酱来制作，但是只有搭配使用新鲜番茄和纯番茄酱才能制作出正宗地道的番茄肉酱意面。

1

将橄榄油倒入锅中加热，加入大蒜，炒出香味。

⇓

2

加入洋葱翻炒直至变软。

⇓

3

加入纯番茄酱、新鲜番茄，翻炒均匀。

⇓

关键在于将意大利面提前煮制好，并使用橄榄油和黄油来增添风味。

4 待水分变干后加入白胡椒粉和罗勒油调味。

⇓

6 在 **5** 中加入 **4** 中制作好的番茄酱汁搅拌均匀。

⇓

5 使用橄榄油和黄油炒制火腿和蘑菇。

⇓

7 加入提前煮制好的意大利面搅拌均匀。加入盐调味后撒入奶酪。

茶餐厅和西餐店的经典人气菜品

肉酱细面

番茄酱浓缩肉类的美味！
勾起人思乡之情的古早味西餐代表之作。

Keypoint

活用方便、实用的罐装肉酱

"Sabouru" 使用的是 "HEINZ" 出品的罐装肉酱，但是该品牌现在只有大罐装。大家可以多尝试几种市售罐装肉酱，通过确认肉的口感和口味等来选择适合自己的品牌。

*Check*_01

倒入半瓶红葡萄酒

主厨说："也可使用便宜的红葡萄酒，多多倒入一点为宜。"既可增添香味，又可突出食材的美味。需充分加热煮去酒精。

*Check*_02

使用人造黄油增加浓郁度

在食用之前需重新加热一下提前煮制好的意大利面。这是自无人造黄油的年代就已经存在的日本西餐店的意面制作方式。

History

肉酱最早出现于新潟县吗？！

意面源自意大利。如今意大利餐厅琳琅满目，我们有更多机会可品尝到正宗的意面，但是提到我们最熟悉的意面，还属肉酱细面和番茄肉酱意面吧。据说肉酱细面起源于日本，最先出现于新潟县的意大利轩酒店（于1871年开业）的菜单中。肉酱为何时出现的尚未有定论，但是我们却在该酒店最早的菜单中找到了其身影。

技艺传授人

Sabouru Ⅱ
主厨
甲斐丰先生
Sabouru 招牌菜"大份意面"的首创者。据说为了开发新菜品，曾遍访多家餐厅品尝借鉴。

Data

Sabouru Ⅱ
さぼうる Ⅱ
地址／东京都千代田区神田神保町 1-11
☎ 03-3291-8405
营业时间／11:00 ～ 22:00（套餐点餐截至20:00）
公休日／周日、节假日

使用罐装肉酱呈现美味

位于神田神保町的"Sabouru"于1955年开业，是一家知名老店。

"店铺位于学校附近，如果菜品不物美价廉量又大的话，很难吸引学生们来光顾。"店主铃木文雄先生如是说道。正如铃木先生所料，菜品量大得到了学生们的一致认可。于两年后开设了主打西餐菜品的"Sabouru Ⅱ"。现任主厨是自开业之初即在店内工作的甲斐丰先生。

"开业时，Sabouru Ⅱ即以肉酱来招揽顾客。虽我们店的肉酱中加入了一半罐装肉酱，但是Sabouru只使用'HEINZ'出品的罐装肉酱。"

肉酱细面材料

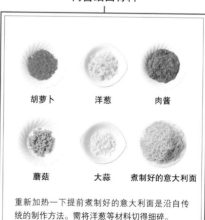

胡萝卜　洋葱　肉酱
蘑菇　大蒜　煮制好的意大利面

重新加热一下提前煮制好的意大利面是沿自传统的制作方法。需将洋葱等材料切得细碎。

肉酱细面的制作方法

材料（2人份）

洋葱	大个1个	鸡汤	2小匙
胡萝卜	1/3根	月桂叶	2片
大蒜	1瓣	红葡萄酒	半瓶左右
芹菜	1/3根	市售罐装肉酱	适量
蘑菇	适量	番茄酱	适量
色拉油	1大匙	煮制好的意大利面	400克
混合肉馅	300克	色拉油、人造黄油	各适量
黑胡椒	适量	椒盐	适量
盐	适量		

专业技巧

需将材料切得细碎

隐藏其口感是制作的关键。"Sabouru"一贯将洋葱、大蒜、芹菜、蘑菇切得十分细碎。这样，可以使口感变得细腻。混入市售肉酱后，需加热将2种肉酱搅匀。

1

将洋葱、胡萝卜、大蒜、芹菜、蘑菇切碎。

⇓

2

将色拉油倒入深口锅中，翻炒大蒜。

⇓

广受欢迎的"Sabouru"肉酱。让我们也来挑战制作一下这道独一无二的肉酱细面吧！

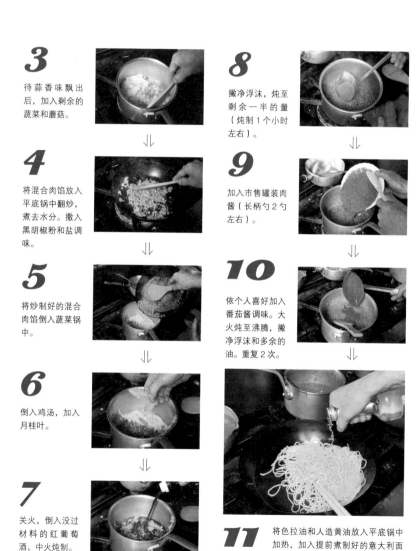

3 待蒜香味飘出后，加入剩余的蔬菜和蘑菇。

⇓

4 将混合肉馅放入平底锅中翻炒，煮去水分。撒入黑胡椒粉和盐调味。

⇓

5 将炒制好的混合肉馅倒入蔬菜锅中。

⇓

6 倒入鸡汤，加入月桂叶。

⇓

7 关火，倒入没过材料的红葡萄酒，中火炖制。

⇓

8 撇净浮沫，炖至剩余一半的量（炖制1个小时左右）。

⇓

9 加入市售罐装肉酱（长柄勺2勺左右）。

⇓

10 依个人喜好加入番茄酱调味。大火炖至沸腾，撇净浮沫和多余的油。重复2次。

⇓

11 将色拉油和人造黄油放入平底锅中加热，加入提前煮制好的意大利面翻炒，加入椒盐调味后装盘。

暄软黏滑的鸡蛋是制胜的关键!

蛋包饭

改变米饭和鸡蛋的形状可实现多变风格的蛋包饭。
在这里要介绍暄软黏滑的半熟蛋的制作要领。

Keypoint

蛋卷的煎制取决于火候!

煎制成如花绽放一般的蛋卷,不仅口味赞,而且品相佳。煎制蘸取蔬菜肉酱汁食用的半熟蛋的关键在于火候和煎制时间。将蛋液煎制成暄软可口的蛋卷,注意不要摊煳。煎制时间大约为1分钟!

Check_01

微微发甜的番茄酱汁

将鸡胸肉去皮后切成1厘米见方的丁,加入大蒜和橄榄油腌制1天使其入味。由于要搭配米饭食用,调味可稍稍浓重一点。

Check_02

费时费工炖制而成的蔬菜肉酱汁

将牛骨、牛筋、鸡架和蔬菜放入锅中至少炖制10个小时,炖制完成后放入冰箱中冷藏2天左右即成。一次大量制作既美味又方便。

以一只手即可轻松享用的美味!

关于哪家店才是蛋包饭的正宗老店可谓众说纷纭,被广为认可的当属东京银座的"炼瓦亭(炼瓦亭)"和大阪心斋桥的"北极星(北極星)"。炼瓦亭将蛋包饭作为后厨的餐食。1900年的一天,店里很忙,厨师连坐下吃饭的时间都没有,边制作菜品边用勺子挖食蛋包饭。不经意间被店里的顾客看到,"那道菜究竟是什么呀? 我也想尝一尝",遂被点取。从此,菜单中多了一道新菜品,名为"蛋包饭"。

技艺传授人

自由之丘 Palms Cafe
顶级主厨
多贺伸幸先生
除了"自由之丘 Palms Cafe"以外,还管理着"用贺俱乐部(用賀俱楽部)""碑文谷 Terrace(碑文谷**テラス**)"两店。约 20 年来一直在知名酒店和餐厅磨练技艺,是一位在法国料理和意大利料理方面均出色的实力派厨师。

Data

自由之丘 Palms Cafe
パームスカフェ 自由が丘
地址 / 东京都目黑区自由之丘 1-29-17
持田大楼 2F
☎ 03-5731-3903
营业时间 / 11:30 ～ 23:00(点餐截至22:30)
公休日 / 周二

令人心满意足的金黄色蛋包饭

蛋包饭,是由法语"omelette"和英语"rice"组成的日式外来语。多以香煎蛋卷一般的蛋饼包裹以番茄酱和番茄酱汁调味的鸡肉米饭或黄油米饭制作而成,是一道日本独有的菜品。材料看似普通,却可以使鸡蛋、番茄酱汁和蔬菜肉酱汁在口味上实现平衡。另外,一定要使用同一个平底锅来制作。这次要介绍的蛋包饭,是将蛋卷盖于番茄米饭上用刀切开的风格。盘中的半熟蛋卷金黄喜人、黏滑美味。

蛋包饭材料

番茄酱汁
使用罐装完整番茄制作而成。为了使番茄酱汁微微带一点甜味,可加入一点番茄酱提味。

蔬菜肉酱汁
为了使半熟蛋容易蘸取,可将酱汁制作得更加爽滑、浓厚。

鸡蛋
为了煎制出暄软的半熟蛋,1人份的蛋卷可使用 3 个鸡蛋来制作。

青椒
切丝后与黄油米饭一同翻炒。不喜欢食用青椒的人,也可将青椒切碎后翻炒。

大米
可以选用普通大米制作成黄油米饭。

蛋包饭的制作方法

材料

A {
- 大米…………………… 100 克
- 洋葱（切碎）………… 10 克
- 水…………………… 110 毫升
- 无盐黄油…………… 15 克
- 胡萝卜（切碎）……… 少量
}
- 青椒…………………… 1/2 个
- 鸡蛋…………………… 3 个
- 番茄酱汁…………… 100 毫升
- 蔬菜肉酱汁………… 150 毫升
- 椒盐…………………… 适量
- 色拉油………………… 适量

专业技巧

番茄酱汁的制作方法

将鸡胸肉去皮后切成 1 厘米见方的丁，加入切碎的大蒜和橄榄油进行腌制。腌制 1 天后，放入锅中进行炒制，加入罐装整个番茄和番茄酱，炖制 1 个小时。最后撒入椒盐调味。

1 将Ⓐ中的所有材料放入电饭锅中蒸制成黄油米饭。

2 翻炒青椒丝，待颜色变得鲜亮后加入黄油米饭再次进行翻炒。

3 撒入椒盐调味，加入番茄酱汁。待搅拌均匀后即制作完成。装盘，整理成椭圆形。

4 将蛋液倒入平底锅中，为了防止煎制面变糊，倒入时需将平底锅从火上取下。

只需用刀轻轻切下就会如花般绽放，让我们来制作这款口味品相
绝佳、暄软黏滑的蛋包饭吧！

5 在平底锅中多加入一点油加热后，倒掉多余的油分，倒入蛋液。晃动着平底锅轻搅蛋液。

⇓

7 将蛋卷放入装盘的番茄米饭上，浇入加热过的蔬菜肉酱汁后即制作完成。

⇓

6 待蛋液表面起泡后，倾斜平底锅，利用锅沿一侧制作香煎蛋卷。

⇓

8 用刀切开香煎蛋卷，感受一下蛋卷暄软黏滑的口感。

酱汁是美味的关键

多利安饭

使用酱汁和米饭制作而成的多利安饭，是有着多种制作方法和搭配可能的西餐菜品。但是，如果要做的话，一定要尽力做到酱汁考究的专业级别！

Keypoint

贝夏美酱汁

制作出美味贝夏美酱汁的关键在于，充分搅拌捏揉和搅拌油炒面和牛奶时的温度调整。如果温度过高有损其鲜香，因此不能将牛奶煮沸。主厨当天手工制作出的贝夏美酱汁，口味醇厚饱满。

Check_01

酱汁的风味因店而异

"1950 沙龙"仅使用面粉、黄油和牛奶来制作贝夏美酱汁。也有店铺使用鲜奶油和高汤或者蛋黄等来制作，总之风格各异。

Check_02

通过奶酪中的盐分来调整酱汁的味道

"1950 沙龙"选用含盐分高的埃丹干酪（图片中使用的市售披萨用奶酪）来制作。可以通过奶酪中的盐分来调整酱汁的味道。

出自知名主厨之手的创意菜品

多利安饭，虽然给人一种奶汁干酪烙菜般的欧洲菜品的感觉，但是却是一道诞生于日本的创意菜品。其发源于 1926 年开业的横滨"Hotel New Grand"。第一任总厨师长 Saly Weil 先生闻名于日本料理界，为日本西餐文化作出了突出的贡献。其在杂烩饭上浇入当时流行于欧洲的奶汁干酪鲜虾烙菜酱汁制作出了多利安饭。即使在现在，Weil 先生制作出的多利安饭也是 Hotel New Grand 的一道广受欢迎的招牌菜品。

技艺传授人

1950 沙龙
主厨
由银座西餐元老"银座 Candle（銀座キャンドル）"更名而来。作为一家承继老店口味的新店，令人感动不已。

Data
1950 沙龙
SALON1950
地址／东京都中央区银座 6-2-10
OENON B1F（合同大楼）
☎ 03-3573-5091
营业时间／12:00 ~ 14:00、
18:00 ~ 22:00
公休日／周日节假日
http://taddysite.wix.com/salon1950

正因为制作简单，酱汁的口味就成为了制胜的关键！

多利安饭指的是，在黄油米饭、鸡肉米饭或杂烩饭等上浇入贝夏美酱汁、撒入奶酪后放入烤箱烤制而成的菜品。如果浇入肉酱，就成了肉酱多利安饭，浇入咖喱则成了咖喱多利安饭，不同的店铺可以制作出口味各异的多利安饭。材料一般选用鸡肉和海鲜等，但是也可选用牛肉、蔬菜和鸡蛋等食材来制作。其多变的风味是其他任何西餐菜品比拟不了的。另外，虽然多利安饭仅使用黄油米饭、食材和酱汁制作而成，但是正因为其制作简单，酱汁的口味就成为了制胜的关键。

多利安饭材料

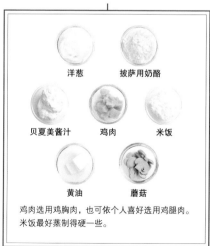

洋葱　　披萨用奶酪

贝夏美酱汁　鸡肉　米饭

黄油　　蘑菇

鸡肉选用鸡胸肉，也可依个人喜好选用鸡腿肉。米饭最好蒸制得硬一些。

141

鸡肉多利安饭的制作方法

材料（2 人份）

鸡肉（鸡胸肉、提前腌制入味）
································ 60 克
洋葱·································· 40 克
蘑菇·································· 30 克
黄油··································· 5 克
盐··································· 3 克 *
贝夏美酱汁（制作方法参照 p34 ～ 35）
································ 400 克
米饭································· 110 克
黄油（片）························· 10 克
披萨用奶酪························· 40 克
胡椒粉······························ 适量

＊盐分也可通过所使用的奶酪进行调整。
食盐大约需要加入 3 克。

专业技巧

使用高汤来调节酱汁的浓稠度

如果酱汁过于浓稠，可以通过一点点地加入高汤等来调节。如果水分过多，黄油米饭会吸收水分膨胀，一定要注意。

1

将黄油放入平底锅中加热使其熔化，加入米饭制作成黄油米饭。加热均匀后撒入椒盐调味。

将洋葱碎炒软后放凉。

⇓

2

将黄油和鸡肉放入锅中加热。在锅热之前加入鸡肉，肉质会十分鲜嫩。炒制时需用小火。

⇓

3

待鸡肉表面变白后加入洋葱，以大火快速翻炒。注意不要将鸡肉炒至上色。

⇓

除了鸡肉以外，皆需使用中火至大火快速翻炒。注意不要将贝夏美酱汁调制得过稀。

4 待洋葱变软后，加入蘑菇翻炒。

⇩

5 加入贝夏美酱汁（制作方法参照 p38～39），搅拌均匀。

⇩

6 加热后酱汁会变得黏滑。使用锅铲挂取，酱汁能轻松滑落即可。

⇩

7 将黄油米饭和**6**盛入耐热容器中，撒入奶酪后放入烤箱（1200w）中大约烤制 7 分钟。

制作简单却浓香美味

牛肉洋葱盖浇饭

老少皆宜，深受各个年龄层喜爱的经典西餐菜品。
制作方法和材料都十分简单，是一道制作考究的菜品。

Keypoint

蔬菜肉酱汁

将牛骨、牛肉和蔬菜小火炖制，花费至少 1 周时间反复进行过滤而成。既是牛肉洋葱盖浇饭的美味所在，也是反映店铺特色的重要因素。

Check_01

讲究食材的口感与美味

"黑船亭"将洋葱切成楔形。经炖制之后也依然保留其口感。除此之外，还需使用鲜香美味的新鲜蘑菇。

Check_02

多多加入一点起着画龙点睛作用的牛肉

选用牛腩肉制作而成。软烂美味，口感出众。如果不喜欢肉块，也可使用牛肉片来制作。可以缩短炖制时间。

由日本人首创的西餐菜品

牛肉洋葱盖浇饭始现于明治时期。关于其由来有着多种说法，其中一种说法为，"丸善"的第一任总经理早矢仕有的（Hayashi Yuteki）创作出该道菜品。同时，也有由"上野精养轩（上野精養軒）"的厨师长林先生从咖喱饭中得到启发制作而成的说法。另外，也有源自以洋葱牛肉丝汤浇入米饭中食用的"洋葱牛肉丝汤米饭"的说法。从中我们可以窥见日本人将接触到的西洋料理灵活融入于自己饮食文化中的身影。

技艺传授人

黑船亭
总厨师长
石出正浩先生

生于昭和 45 年。自十几岁即进入黑船亭。在黑船亭第一任厨师长渡边孝的手下磨练技艺。自 2013 年 4 月，担任第三任总厨师长。

Data
黑船亭

黑船亭
地址／东京都台东区上野 2-13-13
☎ 03-3837-1617
营业时间／11:30 ～ 22:45（点餐截至22:00）
公休日／无

依个人喜好制作法式家常美味

文明开化后，以西洋料理为基础的西餐在日本取得了巨大的发展。在其过程中，由日本人独自创作出的菜品即为牛肉洋葱盖浇饭。

不管是材料还是制作方法，都十分简单。基本上是以蔬菜肉酱汁和红葡萄酒等来炖制牛肉和洋葱，然后浇在米饭上食用。也有不少店铺在材料中加入菌菇类等。这次大家要一起跟着"黑船亭"学习牛肉洋葱盖浇饭的制作方法，在浓缩多种美味的酱汁中可以尝到番茄的酸爽滋味。美味在口中蔓延，这是一道为各个年龄层所喜爱的菜品。

牛肉洋葱盖浇饭材料

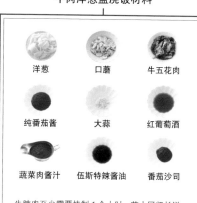

洋葱　　口蘑　　牛五花肉
纯番茄酱　　大蒜　　红葡萄酒
蔬菜肉酱汁　　伍斯特辣酱油　　番茄沙司

牛腩肉至少需要炖制 1 个小时，茂木厨师长说："使用高压锅，只需 12 ～ 15 分钟就可制作出美味的炖牛肉。"制作繁琐的蔬菜肉酱汁也可使用市售罐装品。

〈 跟着"黑船亭"学 〉

牛肉洋葱盖浇饭的制作方法

材料（4 人份）

牛腩肉（厚 1 厘米 x 宽 4 厘米左右）
·············· 400 克
牛油··················1 大匙
红葡萄酒················ 100 毫升
洋葱（切成 2 厘米宽楔形）· 400 克

Ⓐ
大蒜（切碎）·············· 10 克
鸡汤·················· 800 毫升
番茄沙司·············· 50 毫升
纯番茄酱·············· 50 毫升
伍斯特辣酱油·········· 50 毫升
粗粒黑胡椒·············· 少许

口蘑（切片）·············· 100 克
牛油（炒制蔬菜用）·······2 大匙
蔬菜肉酱汁（市售）······· 290 克
盐·················· 少许

＊牛油可使用色拉油等代替。
＊鸡汤也可使用固体鸡汤以 800 毫升热水溶化。

专业技巧

加入作料使味道变得更加浓郁
活用番茄沙司、伍斯特辣酱油和
纯番茄酱等浓缩食材美味的调
味品等来提味，可使味道变得更
加浓郁。

1

将 1 大匙牛油放
入平底锅中加热，
以大火煎制牛肉
表面锁住其美味，
倒入红葡萄酒。

2

将Ⓐ中的材料和
1连同汤汁倒入
锅中，先以大火
煮制，沸腾后改
成小火将牛肉炖
制得软烂可口(约
炖制 1 个小时)。

在家中自制"黑船亭"的秘制牛肉洋葱盖浇饭！如果有时间，可于炖制之后放置一晚。这样味道更显浓郁醇厚。

3 将牛油放入平底锅中，加入洋葱和口蘑轻轻翻炒，倒入 **2** 中。

⇓

5 炖煮 3 ～ 4 分钟使材料入味。

⇓

4 放入蔬菜肉酱汁。如果酱汁过于浓稠，可倒入鸡汤（分量外），撒入盐调味。

⇓

6 最后放入青豌豆和鲜奶油润饰。搭配经典茗荷和福神腌菜等食用。

以高汤突出大米和食材的美味

杂烩饭

以生米和食材烩制而成，鲜香美味。
源自法国的杂烩饭在日本实现了独具一格的发展。

Keypoint

小牛高汤

小牛高汤，就是使用小牛
骨和牛腱子肉等炖制而成
的高汤。"Grill Grand"
将大米和以黄油炒制过的
食材一同翻炒，倒入加有
小牛高汤的酱油汁来制作
杂烩饭。

Check_01

将黄油米饭放置一晚

将黄油米饭提前制作好放入
冰箱中冷藏一晚，是制作杂
烩饭的关键所在。这样一来，
米饭会更加入味，并且口感
也会更棒。

杂烩饭和炒饭拥有同一起源

杂烩饭在日本取得了独具一格的发展。其原型为法国料理杂烩饭。小牛高汤和黄油等选材以及制作方法，都深受法国料理的影响。据说，杂烩饭起源于土耳其和印度。在当地，杂烩饭的原型被称作 Pulao、Pulau 等。据说，中式炒饭也源自此处，即杂烩饭和炒饭是兄弟。

技艺传授人

Grill Grand

坂本良太郎先生

第三任店主，曾于意大利餐厅、法国餐厅磨练技艺。"也可将所有的材料放入电饭锅中蒸制而成，或者使用不粘锅烩制而成。"

Data

Grill Grand

グリルグランド

地址／东京都台东区浅草 3-24-6

☎ 03-3874-2351

营业时间／11:30 ～ 13:45（点餐截止）、17:00 ～ 20:30（点餐截止）

公休日／周日、周一

以高汤突出米饭的美味

源自法国的杂烩饭，是一道以锅烩制大米和食材的菜品。正宗的做法是使用生米制作，但是在日本多使用"蒸制好的米饭"制作。位于浅草的老字号西餐店"Grill Grand"的第三任店主坂本良太郎先生说："店里的杂烩饭多使用蒸制好的米饭制作。如果使用生米制作，米中会留有白芯。喜食暄软、黏糯米饭的日本人不太喜欢这种口感。即便如此，使用已经蒸制好的米饭制作，将米饭烩制得稍硬一些为好。"跨越茫茫海域传入日本的杂烩饭，结合日本人的饮食习惯，确立了使用蒸制好的米饭制作的风格。

杂烩饭材料

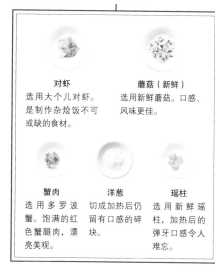

对虾
选用大个儿对虾。是制作杂烩饭不可或缺的食材。

蘑菇（新鲜）
选用新鲜蘑菇。口感、风味更佳。

蟹肉
选用多罗波蟹。饱满的红色蟹腿肉，漂亮美观。

洋葱
切成加热后仍留有口感的碎块。

瑶柱
选用新鲜瑶柱，加热后的弹牙口感令人难忘。

杂烩饭的制作方法

材料（1 人份）

对虾	1 只
多罗波蟹腿肉	1/2 只
瑶柱	1 个
洋葱	20 克
蘑菇（新鲜）	20 克
米饭	200 克
橄榄油	15 克
黄油	15 克
白葡萄酒	10 毫升
椒盐	少许

酱油汁

酱油	60 毫升
清酒	30 毫升
料酒	30 毫升
高汤（尽量使用小牛高汤）	10 毫升
砂糖	3 克
白味噌	3 克
白芝麻	3 克

专业技巧

记住以下 3 步

酱油汁按照如下步骤完成：①煮去
清酒和料酒中的酒精；②将所有的
材料拌匀；③加入炒制后的芝麻。

1

将橄榄油和黄油
倒入平底锅中加
热，加入切成容
易食用大小的对
虾、蟹腿肉、瑶
柱翻炒。

2

加入洋葱碎和蘑
菇片翻炒。

一锅即成，是杂烩饭的魅力所在。最后浇入酱油汁提味增香！

3 倒入白葡萄酒，火烧。

5 浇入酱油汁，轻轻搅拌均匀。加入椒盐调味后即制作完成。

⇃⇃

⇃⇃

4 加入米饭，轻轻翻炒3分钟左右。

6 最后撒入欧芹碎妆点润饰。

〈 **25** 〉

咖喱香味诱人的一品美食

干咖喱

制作时，咖喱香味四溢！
切成大粒的 2 种肉块是美味之所在。

Keypoint

使用凉米饭制作

刚蒸制好的米饭虽然喷香可口，但是却不适于制作干咖喱。"Grill Tsukasa"先将使用电饭锅蒸制好的米饭放入带盖的密封容器中放凉后再使用。如果使用"秋田小町"大米制作，会更加美味可口。

Check_01

超越"咖喱色"的色香味俱全的美味

亮点在于非"咖喱色"的漂亮色彩。来自最后调味用的酱油。另外，可加入红灯笼椒增添一抹亮丽的红色。

History

干咖喱有炒饭（杂烩饭）风和肉末风2种风格

提到干咖喱，主要是指酱中无汤汁的咖喱（印度肉末咖喱）和有着碎食材的咖喱风味炒饭（或者杂烩饭）2种。虽然其起源和历史至今仍是一个谜，但是产生于1930年出航的日本客船上的说法比较可靠。复刻版袋装肉末风干咖喱在"日本邮船历史博物馆"有售。

技艺传授人

Grill Tsukasa
店主
中山一彦先生

出演电视剧，担任料理教室的老师，除了本职经营餐饮业以外还活跃于其他领域。"自我父亲担任店主时即在制作的香炸蟹肉奶油饼和炖牛肉等都十分美味。"

Data

Grill Tsukasa
グリルツカサ
地址／东京都中央区日本桥人形町2-9-10
☎ 03-3666-8997
营业时间／11:30～14:00、17:30～22:00（点餐截至21:00）
公休日／周六、周日、节假日

在东京平民区盛行炒饭式咖喱？！

听到"干咖喱"这个词，人们一般会想像到肉末咖喱或者撒入咖喱粉的炒饭。而于昭和34年（1959年）开业的西餐店"Grill Tsukasa"的现任店主中山一彦先生则忆起了他的父亲也即首任店主制作的"咖喱风味的炒饭"。"这附近（人形町）原本有一条叫做'吉原'的烟花巷。因为权贵们在喝花酒前后会吃点西餐。所以人形町和浅草等曾繁华一时的烟花巷中有不少年代久远的西餐厅。在浅草和人形町，如果提到干咖喱，基本上指的就是炒饭式咖喱。"

干咖喱材料

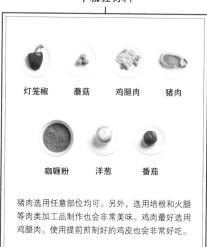

灯笼椒　蘑菇　鸡腿肉　猪肉
咖喱粉　洋葱　番茄

猪肉选用任意部位均可。另外，选用培根和火腿等肉类加工品制作也会非常美味。鸡肉最好选用鸡腿肉。使用提前煎制好的鸡皮也会非常好吃。

153

干咖喱的制作方法

材料（常用量）

色拉油（黄油）…………1 大匙
猪肉＋鸡腿肉………合计 70 克
洋葱…………………… 1/4 个
灯笼椒………… 小个 1/4 个
香菇或蟹味菇……… 小个 3 朵
　　　　（中个 2 朵、大个 1 朵）
米饭……………………3 碗
盐………………………2 小匙
咖喱粉…………………1 大匙
酱油…………………… 适量
番茄…………………… 适量

专业技巧

使用猪肉和鸡肉 2 种肉，美味加分

猪肉选用任意部位均可。另外，使用培根、火腿和香肠等猪肉加工品制作也非常美味。鸡肉最好选用鸡腿肉和鸡皮。将鸡皮用平底锅煎制上色后切成容易食用的大小。

1

将肉切成容易食用的大小（约 1～1.5 厘米见方的块）。将洋葱、灯笼椒、香菇和蟹味菇切成 5 毫米见方的丁。将番茄用水煮后去皮。

2

将色拉油倒入平底锅中加热。

3

炒制 **1** 中的肉。

4

炒熟后，加入 **1** 中的蔬菜（除了番茄以外）。

深受人形町花街柳巷权贵们喜爱的"Grill Tsukasa"的干咖喱。在此大方公开正宗美味的制作方法。

5 加入米饭。

⇊

7 浇入酱油调味。

⇊

6 搅拌均匀后加入盐和咖喱粉。

⇊

8 装盘，放入切成丁（7～8毫米见方）的番茄点缀。

西餐的历史

西餐是如何产生，如何作为一种文化传播开来的呢？让我们来翻阅一下其历史。

草野丈吉受雇于荷兰人在出岛料理食物

诞生于长崎出岛的发源于日本的西餐店

日本人在日本开设的首家西洋料理专门店，诞生于江户时代（1603～1867年）末期，是长崎的"良林亭（良林亭）"（之后改名为"自游亭"，后又改名为"自由亭"）。

听说草野丈吉受雇于来到长崎的荷兰人，为其料理食物、杂事，萨摩藩士五代友厚点名草野丈吉为其制作了三道西式菜品。据说草野丈吉听从五代友厚的建议开设了这家西式餐厅。之后，"自由亭"取得了空前的发展，于1879年（明治11年）搬到长崎市内的马町。搬迁复原后的店铺即为现在格洛弗园内的"旧自由亭"。

作为长崎最顶尖的餐厅，丈吉在五代的帮助下，于1869年（明治2年）在川口居留地梅本町（现在的大阪府西区本田）建成外国人接待处（酒店），被任命为大阪府料理御用商人。

1936 当时，东京都内接连出现多个西餐大排档。人声鼎沸，热闹非凡。

1933 上野的"乐天（楽天）"盛况空前。

1931 东京·日本桥的"芳味亭"开业。

1930 东京·日本桥的"Taimeiken（たいめいけん）"开业。

1930 日本桥三越的食堂中，推出儿童午餐。开设了12家东京市营大众食堂。据说年间接待约550万人。

1928 东京·银座的副食品店"资生堂茶餐厅（资生堂パーラー）"作为正宗西餐厅开业。

1927 东京·新宿的"中村屋"开设茶饮部。

1926 东京·银座的咖喱店"Tyoshya（チョウシ屋）"开业。

1925 "日贺志屋（日贺志屋）"（现在的S&B食品）开始销售印有太阳鸟标志的咖喱粉。咖喱饭走进寻常百姓家。

1924 东京·根岸的"香味屋"开业。招牌为炸肉饼。

1924 东京·神田的"须田町食堂（现在"聚乐（聚楽）"的前身）"开业。挂着"简单西餐"门帘的店里人声鼎沸、热闹非凡。在昭和初期的东京的发展扩大到约90家店。

1923 神户的"伊藤Grill（伊藤グリル）"开业。由之前在外国船上料理食物的伊藤宽太郎开设。受关东大地震的影响，关东地区的多家西洋料理店倒闭、消失。经营方面也遭受了不小的打击。

1922 大阪的"Panya食堂（パンヤの食堂）"开业。

1922 东京·浅草的"河金"中出现"河金盖浇饭"，即现在的肉排蛋炒饭。首创者河金金太郎在肉排饭中浇入咖喱制作而成，之后演变成盖浇饭风格。

1918 在大阪、东京开设"简易食堂"。

1918 东京·浅草的"极星（北极星）"现在的"北极星"。

图4

图3

摄于1913年，西洋料理店"松洋轩（松洋軒）"门口的情形。很多顾客乘坐人力车来店

曾多次接待过原美国总统格兰特夫妇和各国来宾。

于丈吉去世前5年开业的"大阪自由亭酒店（大阪自由亭ホテル）"，常有大阪府知事、各国领事造访，因此确立了其代表关西地区的饭店的地位。

将当时的"自由亭"搬迁复原后的"旧自由亭"，建于格洛弗园内。在2楼的咖啡馆，也可品尝到与长崎有着深远渊源的荷兰人开创的荷兰咖啡。

DATA

格洛弗园

旧自由亭

Glover Garden Kyujiyutei

地址／长崎县长崎市南山手町 8-1

☎ 095-822-8223

http://www.glover-garden.jp/

开放时间／8:00 ～ 18:00（旧自由亭 2 楼咖啡馆 9:00 ～ 17:00）

＊也有晚间开放时间延长的情况

公休日／无（咖啡馆不定期公休）

1914　1913　1912　1910　1903　　1901　　1895　　1890　　1883　　1872　　　　　1868　1863　1859

东京·上野的"蓬莱屋"开业。

东京·吾妻桥的"吾妻"开业。

东京·日本桥的"小春轩（小春轩）"开业。

横滨的"不二家"开业。

伴随着东京·日比谷公园的开放，园内的"日比谷松本楼"出品的西餐。

东海道线路上出现餐车。车内的菜品为"精养轩（精養軒）"出品的厨师而闻名。

东京·银座的"炼瓦亭（煉瓦亭）"开业。店主木田元次郎作为创造炸猪排这道菜品的厨师而闻名。

东京·丸内的"帝国酒店·帝国ホテル）"开业。奠定帝国酒店"菜品基础"的厨师内海藤太郎作为日本西洋料理史上最大的巨星之一而闻名于世。

由明治政府建造的"鹿鸣馆（鹿鳴館）"开业。由在荷兰大使馆外国主厨的手下磨练技艺、积累经验的藤田源吉担任厨师长。图一

东京·筑地的"筑地精养轩（築地精養軒）"开业。建有可以接待欧美来宾的餐厅和酒店。是向宫内厅提供西餐的宫内厅御用西餐店的代表之一。图1

东京·筑地的"筑地酒店（築地ホテル館）"开业。位于横滨的"太田 Nawanoren（太田なわのれん）"制作出了日式牛肉火锅的原型牛肉火锅。使用酱油和砂糖将牛肉调制成日式口味的牛肉火锅，在平民间广为流行。

神佛分离令颁布，食用肉类解禁，在这之前，以肉类菜品为主的西洋料理难以为日本人所接受。由于过去牛肉本存在着忌食肉类的风俗。

长崎出现日本首家西洋料理专门店，改名为"自由亭（自由亭）"。

长崎、横滨、函馆3港开放。"良林亭（良林亭）"（后

图2

1876 年，伴随着东京·上野公园的开放，"上野精养轩（上野精養軒）"开业。现位于不忍池畔。图片摄于 1950 年。

自开业以来历经 120 年仍广受欢迎的"炼瓦亭（煉瓦亭）"的炸猪排。

福泽谕吉于 1870 年发表了鼓励食用肉类的《肉食之说》。

图1

西餐的辅助指南

从厨房用具到订购指南。

为大家呈现可以轻松制作、享用美味的西餐之便利贴。

KITCHEN

01

菊水餐厅（レストラン菊水）

上）开阔的厨房，其规模也是相当大的。

右）3楼的宴会厅，至今还保留着大正时期（1912～1926年）的装修风格，被认定为注册在案的文化遗产。

专业厨师爱用的厨房用具

KITCHEN

于大正5年（1916年）开业，将西餐在古都推广开来

洋派新潮的开创者奥村小次郎先生，想让京都的人们也能品尝到新鲜的西餐，于是在大正5年开设了祇园四条大桥东店。兼具当年流行的法式装饰艺术和西班牙风格的西式建筑独立于古都中，引人注目，同时也成为了重视传统、喜爱新潮的京都人的讨论话题。

DATA

地址／京都府京都市东山区四条大桥东诘祇园 ☎ 075-561-1001

营业时间／1F 10:00～20:45（周六～21:30）2F 11:00～20:30（周六～21:00）

公休日／无

刀具

被赋予了厨师灵魂的刀具是其专用工具

对专业厨师来说，也可以称其为"分身"的最重要工具之一即为刀具。刃长以及刀刃的形状、厚度、制造工艺和材质等各不相同，根据用途被细分为肉类用、蔬菜用、鱼类用、切骨头用等，这一点不同于普通家庭中所使用的刀具。厨师长寺村先生常常使用的刀具多达十几种。不管是打磨，还是保养，全部亲力亲为，绝不会让他人代劳。刀具是被赋予了厨师灵魂的工具。

T O O L S

招牌
一品美食

炖牛肉　波尔多风味

1944 日元

炖得松软的极品牛肉简直入口即化、美味无比。主厨引以为豪的葡萄酒风味的特制蔬菜肉酱汁依然保留有老字号的传统风味。使用有着长达 50 多年历史的铜锅小火炖制而成。

保养方法

保养一日不可缺，由主厨亲力亲为

锋利程度是刀具的生命，打磨丝毫不能懈怠。稍有一点钝，就得马上打磨。家庭中使用的刀具感觉可以使用"一辈子"，但是专业厨师的刀具的寿命却没有那么长。

TOOL
2

平底锅

漆黑油亮的平底锅是专业厨师的自豪
根据菜品或者一次制作的菜量的不
同，需选用大小不同的多种锅具，
因此也会有多个相同形状的平底
锅。制作喜油的香煎蛋卷需要使用
专用锅，一般不作它用。炒制菜品
需要使用单柄普通形状的平底锅，
炸制菜品等需要使用好用的中式
锅，而香煎肉排则需要使用煤气炉
式的铁板，总之需要根据用途来区
别使用。

左）使用特制铁板煎制肉排和汉堡肉饼。
右）将锅的里里外外清洗干净、加热至未残留一点水分后收好备用。

保养方法

作为料理菜品的后续工作，平底锅使
用完需马上进行保养
使用完之后，需要清洗干净，加热至无
水分后收好备用。通过加热至无水分可
防止生锈。使用之前也需加热一番，充
分浸油后食材不易煎煳，此为要领之一。

TOOL
3

锅具

重点在于专业厨师的大尺寸锅具
厨房中有很多一般家庭中没有的大
尺寸圆筒形深底锅，根据用途和当
天的采购量区别使用。炖制西餐店
美味基础的高汤需要使用大尺寸圆
筒形深底锅，而炖肉等炖制菜品则
需要使用浅口圆筒形深底锅。至于
如今并不常见的特殊形状的铜锅，
仅存在于少数老字号店铺中。精心
打磨一番后，虽然古老，但是却干
净气派。

左）使用大锅炖制的菜品，在呈送之前需使用小锅加热
右）锅具需按照尺寸整齐地摆放于架子上。

保养方法

外侧需大力打磨、内侧需轻柔擦拭
锅具直接架于火上，外侧往往容易沾满
油污等。使用之后需清洁干净，内侧和
外侧的打磨擦拭方法不同。外侧需使用
钢丝球大力打磨，内侧则需使用海绵球
轻轻清洗擦拭。

其他用具

长期使用的工具讲述着老字号的历史

正因为是自大正时期即存在的老字号，店里有很多老式厨房用具。由于是在日本制作西洋料理，其中不乏专门订购、定制的器具。历代厨师用心研究，在常年的使用中发现并沿用其优点。对这些器具的使用也更为严苛，"千万不要弄出声响"。这正是珍视贵重器具的良苦用心。

西餐店所特有的适于炖制圆白菜卷的四边形铜锅、沉甸甸的炖煮用陶罐等。

保养方法

历史感的光泽来自日常保养

铜锅的导热性好，最适合用作料理用具。而且，红铜色十分漂亮，显得尤为高级。懒于保养的话，其光泽会因氧化而生锈，因此平时需使用专用研磨剂小心打磨。

╲ 西餐店中才有的器具 ╱

铜锅

托盘上设计有装入固体燃料的部分，在桌上也可以加热。常用来盛装店里的招牌菜品——炖牛肉，让客人酣畅淋漓地享用美食，十分受欢迎。

过滤器

为了使口感更加细腻爽滑，西餐中多会用到过滤器。除了过滤漏斗等法式器具以外，也有使用起来十分方便的单独的木制用具和滤筛等。

蜗牛夹和盘子

作为前菜的人气菜品蜗牛，一般会带壳呈送，为了固定住蜗牛，需使用专用蜗牛夹、叉子和盘子。

铜的导热性好，可均匀受热。色彩搭配协调，十分有美感。

盛于杯中冰面之上的丝滑冷制奶油汤。

一个个摆于凹坑之中的美味蜗牛。

02

满天星西餐厅（グリル满天星）

TOOL

①

刀具

磨掉 1/3 幅宽的牛刀

窟田先生使用十多年、仍不怠打磨保养的宝贝。尤其是 Richard Harder（德国产）出品的牛刀，虽然幅宽打磨得仅剩 1/3，但是仍在使用中。去顾客座位上切割菜品用的刀具等，常装于盒子中一同拿过去。

保养方法　每天工作结束后，都要使用磨刀石打磨。为了保持磨刀石的平滑平整，打磨时需要均衡用力。

TOOL

②

平底锅

区别使用铝制锅和铁制锅

厨房中有铝制平底锅和铁制平底锅。即使都是铝制平底锅，在制作杂烩饭等时需选用深口锅，而在制作鸡蛋时则需选用小锅。"树脂加工过的铝制平底锅，轻便好用。但是耐热性差，因此一定不要使用大火加热。"

保养方法　使用大火煎制肉类时，需选用耐高温的铁制平底锅。要比使用铝制平底锅多加入一点油。

香煎蛋卷饭

1940 日元

招牌
一品美食

为了制作出营养均衡的美食，在米饭中加入了胡萝卜和竹笋等8种蔬菜。鲜嫩松软的蛋卷中还藏着虾仁和瑶柱。

上）砖瓦墙风格的店内。右）以东京都为中心、包括2家海外店铺在内共拥有9家店铺，总厨师长窟田先生从厨已有60年。

 满天星 麻布十番
GRILL MANTEN-BOSHI

DATA

地址 / 东京都港区麻布十番 1-3-1
Aporia 大楼 B1F
☎ 03-3582-4324
营业时间 / 11:30 ～ 15:30（点餐截至
15:00）、17:30 ～ 22:00（点餐截至
21:30）
周六、周日、节假日 11:30 ～ 22:00
公休日 / 周一（逢节假日则第二天公休）

铭刻半个世纪历史的被赋予灵魂的料理用具

　　自开业以来，总厨师长窟田先生一直秉承西餐老字号"满天星西餐厅"的风味。摆放整齐的料理用具多从法国和德国订购，长达半个多世纪一直被精心使用养护。窟田先生说："举个例子，我只需看一眼木铲就能知道厨师的水平如何。因为如果铲柄部分变黑，就说明火力过大。"

TOOL

③

锅具

除了铝锅以外，也推荐使用铜锅

铝制锅具大小各异。一般使用最大的锅来制作特制蔬菜肉酱汁。"现在使用铝制锅具是主流。但是，50 年前主要使用煤和铁板。使用受热均匀的铜锅最适合。"

保养方法

现如今铜锅并不常见，使用后表面的锡涂层会变薄。需小心谨慎使用，而这也正是其魅力。

TOOL

④

其他用具

自己改造更加实用的器具

使用橄榄木制作的木铲和叉子，购自法国，简单、上档次，而且结实耐用。除此之外，还有用来在肉中夹入肥肉的刺针和立式削皮器等商用器具。

保养方法

为了使木铲的圆形前端贴合锅底，可自行削平。这样，铲尖就可以贴合锅沿。

163

03

松荣亭（松栄亭）

刀具

活用经长期打磨变短的刀具

自左而右依次为洋葱去芯用刀、圆白菜切丝用刀、肉类切割用刀和剔骨去筋用刀。全都为钢 制刀具，十分锋利。铁制刀具易生锈，所以每天店铺关门后都需打磨。最左边的刀具原本同其旁边的刀具一样大小，经长期打磨后变成了现在的样子。

保养方法 第二任店主喜欢使用的牛刀，至今仍在使用中。"这种大小，正适合用来给洋葱去芯。"

平底锅

铁制平底锅需按角度进行选用

图片自上而下依次为香煎蛋卷用锅、汉堡肉饼用锅、煎肉排用锅和炸制用锅。全都为铁锅。

"店里也有不粘锅，但是手柄角度用起来不顺手、不容易颠锅，因此不会在顾客面前使用。"香煎蛋卷用锅使用完之后，不必用水清洗，只需干擦一下即可。

保养方法 54年前第三任老板娘出嫁时即在使用的平底锅。铜制螺丝，十分少见。

左）虽然店内整洁一新，但是却给人一种怀旧的感觉。
右）使用铁制平底锅制作的西式炸什锦。

DATA

地址／东京都千代田区神田淡路町 2-8
☎话 03-3251-5511
营业时间／11:00 ～ 14:30（点餐截至 14:00）、
17:00 ～ 20:00（点餐截至 19:30）
公休日／周日、节假日

招牌
一品美食

西式炸什锦
950 日元

夏目漱石喜食的西式炸什锦，是使用猪肉
和洋葱粘裹面衣放入猪油中炸制而成的。
面衣松脆，馅料丰富，口感极棒。

明治 40 年（1907 年）开业，厨房十分有年代感

老字号西餐店，店内的西式炸什锦非常有名，是为夏目漱石特制的一道菜品。第四任店主堀口先生说："据说当时的冰箱也是木制的。"厨房中摆放有很多经久耐用的厨房用具。第二任店主使用的刀具、50 年前即在使用的铁制平底锅等，现在仍在使用。通过精心保养一直传承使用同一件器具，正是老字号才有的作派。

TOOL

③

酱汁锅

常用铝制单柄锅

浅口锅可加热 1 人份汤汁，深口锅可加热 2 ～ 3 人份汤汁。铝制锅具轻巧，单柄易握好用。

使用清洁剂用力搓擦清洗后，需擦净水分。"使用之后如何去污、如何擦干，这是保养中的 2 个关键点。"

保养方法

"手柄的角度和粗细、手持时的感觉是选用锅具时需注意的关键点。"堀口先生如是说道。

TOOL

④

筛子、过滤器

常用的筛子使用马尾毛制作而成

下图自左而右为堀口先生常用的筛子和制作汤汁等时常用的过滤器。使用马尾毛制成的筛子，比金属制筛子更加细密好用。购于合羽桥器具店，据说是专门上门购买的。

保养方法

筛子使用马尾毛制作而成。价格十分高昂，据说堀口先生购入时也是下了一番决心。

刀具

钢制刀具自不用说，易保养的不锈钢刀具和一体式刀具也十分受欢迎。

A

B

C

D 厨房用具目录

KITCHEN TOOLS

A 贝印

关孙六 10000CL
牛刀 180mm

使用钴材料制作而成，锋利、耐用。铜焊刃背和刃刃的对比也十分有趣。

尺寸：刃长 18cm
材质：钴 SP（三层钢）
价格：11880 日元

贝印客户咨询投诉中心
东京都千代田区岩本町
3-9-5
电话：0120-016-410
http://www.kai-group.com/
购买方式：网络、实体店

B 一竿子忠钢本铺

本烧 小菜刀
120mm 黑檀木柄

开业 400 多年的老字号"一竿子忠钢本铺"出品的西餐专用刀具。传承技艺的师傅手工锻造而成。

尺寸：刃长 12cm
材质：超级砂铁钢
价格：47520 日元

大阪府堺市堺区甲斐町
东 1-1-4
电话：072-232-2921
传真：072-222-1948
http://www.hamono21.co.jp
购买方式：电话、传真、实体店

C 佑成

牛刀 带护手
440

专业厨师御用厂商 Sukenari 出品的牛刀使用 SUS440C 钢制作而成。锋利、耐用、抗锈，性能佳。

尺寸：刃长 18cm
材质：SUS440C
价格：9504 日元

富山县富山市妇中町道场 536-1
电话：076-465-1122
传真：076-465-1188
http://www.sukenari.jp/
购买方式：电话、传真、网络、实体店

D GLOBAL

GLOBAL GS-3
小菜刀

将蔬菜、肉类和水果等一切二分为二，有此一把即可。食材不限，应用广泛。

尺寸：刃长 13cm
材质：不锈钢
价格：6480 日元

YOSHIKIN SHOP
六本木店
东京都港区六本木
5-17-1 AXIS 大楼 2F
电话：03-3568-2356
https://www.yoshikin.co.jp/
购买方式：电话、传真、网络、实体店、百货店、商店

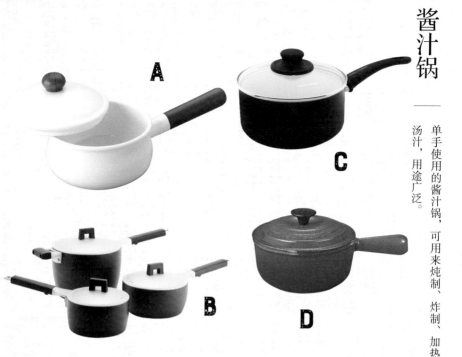

酱汁锅

単手使用的酱汁锅，可用来炖制、炸制、加热汤汁，用途广泛。

CATALOG

A 野田珐琅

POCHKA 酱汁锅

POCHKA 在俄语中是"凹陷"的意思。其特点是容易使用木铲等搅拌。

尺寸：直径 14cm x 宽 29.2cm x 高 13cm
重量：610g
价格：3564 日元

野田珐琅
东京都江东区北砂 3-22-22
电话：03-3640-5511
http://www.nodahoro.com/
购买方式：百货店、专卖店

B EGG FORM

单柄锅

为了制作出美味的菜品，EGG FORM 历经反复实验才最终研发出。热量和蒸气容易在锅中形成对流，细密的气泡将食材包裹起来加热。

尺寸：（自左而右）
直径 16cm x 深 8cm、
直径 18cm x 深 8cm、
直径 20cm x 深 14cm。
价格：12960 日元、15120 日元、16200 日元

Fujii
东京都品川区大崎 1-6-4
大崎 NewCity4 号楼 18F
电话：03-5437-2533
http://www.fcl.co.jp/
购买方式：网络、专卖店

C Vitaverde

软柄黑铝锅
带玻璃盖酱汁锅

不粘锅，未使用氟树脂涂层。通过 IH 对应专利技术实现了轻型化。可使用余热料理食物。

尺寸：直径 18cm x 高 8.5cm
重量：1000g
价格：4680 日元（不含税）

Greenpan・Japan
东京都涩谷区涩谷 3-6-2 Ekurato 涩谷大楼 4F
电话：03-6869-7522
（客服中心）
http://www.vitaverde.jp/ja
购买方式：实体店

D Le・Creuset

酱汁锅
樱桃红色

富有设计感的珐琅铸铁酱汁锅给厨房增添了一抹亮色。导热性好，火候可进行细小的调节。

尺寸：直径 18cm x 高 7.8cm
重量：2200g
价格：23000 日元

Le・Creuset
客服电话：03-3585-0198
http://www.lecreuset.co.jp/
购买方式：百货店、网络、专卖店、Le・Creuset 门店

167

平底锅

方便好用的铁制不粘锅。可根据厨房和制作的菜品进行选用。

A Staub
Pure Grill 黑色

锅的内侧铺有一层黑色珐琅，不易粘锅。铸铁材质，可均匀加热。

尺寸：直径 26cm x 高 3.8cm
重量：2700g
价格：16200 日元

Zwilling JA Henckels Japan
岐阜县关市肥田濑 4064
电话：0120-75-7155
http://www.staub.jp/
购买方式：网络直销店、百货店、专卖店

B 贝印
O.E.C. 平底锅

以"最适合用来制作 IH 料理器具的料理器具"为主题，与料理研究家胁雅世女士共同研发出的系列锅具。

尺寸：直径 20cm x 长 33.5cm x 高 10cm
重量：1060g
价格：10800 日元

贝印 客户咨询投诉中心
东京都千代田区岩本町 3-9-5
电话：0120-016-410
http://www.kai-group.com/
购买方式：网络、实体店、量贩店

C Vitacraft
Super Ceramic

于 2016 年春发售。共计 5 层、传热效果好，可使用余热进行加热，节能环保。

尺寸：直径 25.5cm x 高 4.5cm
价格：14000 日元（不含税）

Vitacraft Japan
兵库县神户市中央区播磨町 49 番地 神户旧居留地平和大楼
电话：078-332-2791
http://www.vitacraft.co.jp/
购买方式：百货店、Vitacraft 线上商店

D Turk
Classic Frypan

Turk 公司由德国锻造工人创立。将生铁使用高温加热，锻造成铁板后经多次打造成形。

尺寸：直径 22cm
价格：19440 日元

Zakkaworks
东京都千代田区神田小川町 2-12 信爱大楼 4F
电话：03-3295-8787
http://www.zakkaworks.com

E au-dela des mers
OMELETTE 南部铁器锅

传统工艺品南部铁器，蓄热性能好，受热均匀。为了方便制作香煎蛋卷，前端设计得稍深一点。

尺寸：直径 36.5cm x 直径 21.5cm x 深 8cm
重量：1300g
价格：5400 日元

Enchanthe・Japan
东京都文京区白山 1-21-9
电话：03-5615-8099
传真：03-5615-8098
http://www.enchan-the-jp.com
购买方式：电话、传真、网络

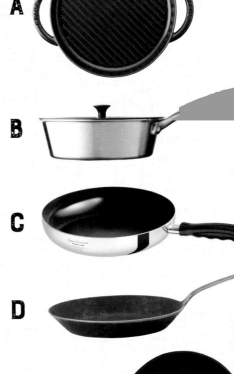

双柄锅

制作炖制菜品，适合选用热传导性能好的受热均匀的铜制锅具。也可以利用余热加热。

A Geo · Product
Pro Collection GEO-18T

和食育第一人服部幸应先生一同研发。交替使用铝和不锈钢制作而成，共计7层。

尺寸：直径 18cm x 高 12.5cm
容量：2.0L
重量：1260g
价格：9720 日元

宫崎制作所
新潟县燕市小池上通
4852-8
电话：0256-64-2773
http://www.miyazaki-ss.co.jp/
购买方式：电话、传真、百货店、专卖店

B、F Silit
Combi-cook

浅口锅与平底锅的组合。表面使用独立开发的溶解有天然矿石的材质。

尺寸：最大宽度 32cm x 高 13cm
[浅口锅]直径 21cm x 深 8.4cm
容量：2.3L
重量：1200g
[平底锅]直径 20cm x 深 4.8cm

容量：1.2L
重量：990g
价格：35000 日元

WMF Japan Consumer Goods
东京都台东区寿 4-1-2
电话：03-3847-6860
购买方式：百货店、专卖店、电话、官方线上商店等

C Fissler
Pro Collection CasseRole 20cm

精密、坚固、高品质。德国品牌 Fissler 因严格的品质管理而出名。也可满足专业厨师的需求。

尺寸：直径 20cm x 高 14cm
容量：2.6L
重量：2000g
价格：35640 日元

Fissler Japan Customer Service
东京都中央区新川
1-2-12
电话：0570-00-6171
http://www.fissler.jp/
购买方式：网络、百货店、专卖店

D Meyer
Star Chef 双柄锅 20cm

IH 对应不锈钢双柄锅。外面为镜面不锈钢涂层，不易刮擦，干净整洁。

尺寸：直径 20cm x 高 14.5cm
重量：1320g
价格：7560 日元

Meyer Japan
客户咨询投诉窗口
东京都目黑区驹场 4-3-24 HOMAT KeyakiHouse 301 号
电话：0120-238-360
http://www.meyer.co.jp
购买方式：网络、实体店

E Staub
Pico · Cocotte Oval

Staub 公司与三星主厨一同研发的经典款蒸锅。

尺寸：直径 23cm x 高 14.1cm
容量：2.4L
重量：约 4400g
价格：28080 日元

Zwilling JA Henckels Japan
岐阜县关市肥田濑4064
电话：0120-75-7155
http://www.staub.jp/
购买方式：网络、直销店、百货店、专卖店

订购指南

STOCK GUIDE

订购使用经长时间炖制的特制蔬菜肉酱汁制作的汉堡肉饼和知名酒店招牌汤品，在家中动手制作西餐吧！

MEAT

适于庆功晚宴和派对！

A Kane 吉山本（カネ吉山本）

近江牛排
极品牛里脊肉

"Kane 吉山本"作为将近江牛推向全国的店铺之一，非常有名。肉质鲜美细腻柔软、风味绝佳。

Kane 吉山本
滋贺县近江八幡市鹰饲町 558
电话：0748-33-3355
传真：0748-32-3484
http://www.oumigyuu.co.jp/
订购方式：电话、传真、网络
价格：200g x 1 块
3150 日元（冷藏、冷冻）

B 名产神户牛 旭屋

神户牛 A5
里脊牛排

神户牛专卖店"旭屋"于大正 15年（1926 年）开业。即使在神户牛 A5 等级的母牛中也精选最高级别的里脊来制作牛排。肉质上等，鲜嫩美味。

名产神户牛 旭屋
兵库县高砂市伊保港町 1-8-13
电话、传真：079-447-0353
http://www.asahiya-beef.com/
订购方式：传真、网络
价格：200g 7560 日元（冷藏）

C 银座 4 丁目 Suehiro（银座 4 丁目スエヒロ）

西餐套盒

"银座 4 丁目 Suehiro"饭店始于1910 年。鲜嫩多汁、口感层次丰富的汉堡肉饼搭配 3 种酱汁，美味到让人欲罢不能。

银座 4 丁目 Suehiro
东京都千代田区九段南 3-9-11-205
电话：03-6265-6905
传真：03-6265-6906
http://www.g4-suehiro.jp/
订购方式：电话、传真、网络
价格：蔬菜肉酱汁迷你汉堡肉饼、日式迷你汉堡肉饼、意大利风味迷你汉堡肉饼、圆白菜卷各 2 个套盒5832 日元（冷冻）
＊包含配送费 ＊包装或有不同

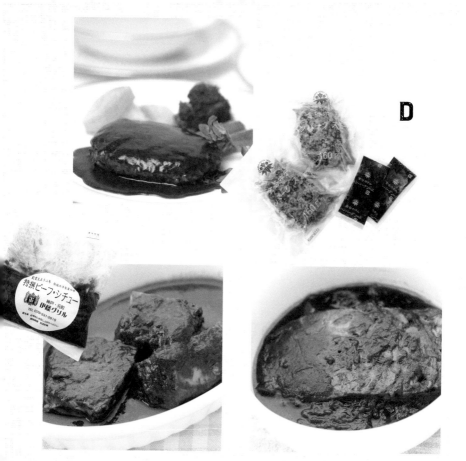

D

E

F

D 金谷酒店（金谷ホテル）

金谷酒店秘制汉堡牛肉饼

鲜嫩多汁、松软香甜的汉堡牛肉饼，
使用有着安全放心美味口碑的澳大
利亚产牛肉制作而成。

金谷酒店 Bakery
栃木县日光市土泽 992-1
电话：0288-21-1275
传真：0288-21-1265
http://kanayahotelbakery-shop.
jp/
订购方式：电话、传真、网络
价格：120g x 6 袋（有酱汁包）
4536 日元（冷冻）

E 神户伊藤 Grill（神戸伊藤グリル）

特制炖牛肉

炖牛肉使用国产黑毛和牛制作而
成。选用经长时间炖制也不会变干，
越炖越松软的"前胸肉"。

神户伊藤 Grill
兵库县神户市中央区元町通 1-6-6
电话、传真：078-331-2818
http://www.itogrill.com/otoriyose
订购方式：网络
价格：200g 2160 日元（冷冻）

F FURUE 西餐店（洋食屋 FURUE）

西餐店的特制炖牛舌

九州萨摩的"FURUE"西餐店出
品的炖牛舌，经 6 个小时左右炖制
而成，口感松软黏滑。搭配有特制
蔬菜肉酱汁。

FURUE 西餐店
鹿儿岛县鹿儿岛市真砂町 71-1
电话、传真：075-541-3728
http://www.rakuten.co.jp/
yoshokuya
订购方式：网络
价格：1 袋 2079 日元（冷冻）

MAIN DISH

在家中制作梦寐以求的
一品美食！

A Delice 爱鹰亭（デリス爱鹰亭）

搭配富士山麓新鲜蔬菜的番茄肉酱
意面

搭配产自富士山麓的新鲜蔬菜，以
筋道的特制意大利面蘸食使用浓厚
的番茄酱汁和鸡架汤调制而成的酱
汁，简直美味无敌。

Delice 爱鹰亭
静冈县富士市神谷 84
电话：0545-34-5639
传真：0545-34-2065
http://www.asitakatei.com/
订购方式：电话、传真、网络
价格：4 份一组 3650 日元（冷冻）
★包含配送费

B 五岛轩

英国风味的咖喱

西餐店"五岛轩"位于函馆。咖喱
牛肉由第二任店主若山德次郎研制
而成，传承至今，是一道为顾客所
钟爱的菜品。

五岛轩
北海道函馆市末广町 4-5
电话：0138-23-1106
传真：0138-27-5110
邮购专用电话：0138-49-8866
http://www.gotoken.hakodate.jp/
订购方式：电话、传真、网络
价格：1 盒 540 日元

C 丽嘉皇家酒店（Rihga Royal Hotel）

海鲜菌菇杂烩饭

黄油米饭中满是虾仁、菌菇等。搭
配以酒店传统制作方法调制而成的
日式风味酱汁。

Gourmet Boutique Melissa
大阪府大阪市北区中之岛 5-3-68
Rihga Royal Hotel 线上购物商城
电话：06-6448-3902
（10:00 ~ 17:00）
http://www.welissa-ec.jp
订购方式：电话、网络
价格：1 份 1404 日元（冷藏）

A 林久右卫门商店

武富胜彦蔬菜汤

由慢食大奖获奖者武富
胜彦先生培育的蔬菜和
"林久右卫门商店"
出品的秘制高汤的美妙
碰撞。

林久右卫门商店
福冈县福冈市博多区麦
野 5-23-17
电 话：0120-516-337
（工作日9:00～17:00）
传真：0120-516-288
http://www.kyuemon.
com/
订购方式：电话、传真、
网络
价格：组合 6 袋 1134
日元

B Kensho 食品

桃太郎番茄酱

100% 使用高知县签约
农家出产的"桃太郎番
茄"，除了香辛料以外均
使用国产食材，例如盐选
用室户海洋深层水盐。

Kensho 食品
高知县高知市一宫东町
1-30-5
电话：088-845-1050
传真：088-845-2227
http://sauce-kobo.com/
订购方式：电话、传真、
网络
价格：1 罐 648 日元

C 叶山旭屋牛肉店

叶山炸肉饼

"叶山旭屋牛肉店"在
叶山地区已经经营了
100 多年。炸肉饼是将
国产牛肉和猪肉加入洋
葱翻炒后掺入土豆泥炸
制而成的。

叶山旭屋牛肉店
神奈川县三浦郡叶山町
堀内 898
电话：046-875-0024
传真：046-876-0624
http://www.hayama-
asahiya.com/
订购方式：电话、传真、
网络
价格：10 个一组 800 日
元（冷冻）

D Hotel Newotani

非常美味的罐装洋葱汤

秉着"让酒店美味出现
于家庭餐桌上"的理念，
以精选食材炖制出豪华
版汤品。地道正宗，美
味无比。

Newotani Shop
东京都千代田区纪尾井
町 4-1 Hotel Newotani
拱廊
电话、传真：03-3221-
4029
https://www1.newotani.
co.jp/hrt/shop
订购方式：电话、传真、
网络
价格：洋葱汤 486 日元

经典传统的"日式西餐"

在便宜美味、大叔们常去的小酒馆鳞次栉比的京桥一带，主顾最多的当属"明心"。在总店中，由经验丰富、技艺精湛的厨师制作的炖牛舌在一年中仅限售一天，慕名前来享此美味的人可谓纷至沓来。另外，炖牛筋也是人气菜品。

关西

对私房西餐
刮目相看吧

走近挖掘西餐潜力的关西骄子——新锐开拓者！

上）特制塔塔酱汁。
左）"牛筋咖喱（500日元、半份300日元）"。
下）"炖牛筋（400日元）"秘制蔬菜肉酱汁搭配牛筋十分美味。

DATA
地址／大阪府大阪市都岛区东野田町 3–10–19 SunPiazza 大楼 1F
☎ 06–6351–8415
营业时间／17:00～24:00
公休日／周日、不定期公休

YOSHOKU
01

平民的美食圣地
于京桥大放异彩的私房西餐厅

明心西餐厅

明ごころ本店　洋食店

YOSHOKU

02

来自店主灵光一现的创意私房西餐

平假名餐厅

ひらがな館

上）以蔬菜包卷鸡胸肉煎制而
成的"平假名鸡肉（900日元）"。
右）"雪见肉饼（800日元）"
就是包裹着豆腐的炸肉饼

DATA

地址／京都府京都市左京区田中
西樋口町 44

☎ 075-701-4164

营业时间／11:30 ～ 14:30（周
六～ 15:30）、18:00 ～ 23:00（周
日、节假日～ 22:00）

＊点餐截至关店 20 分钟前

公休日／周二

店中的菜品均为创意私房菜

　　店铺位于距离东京大学不远的京都学生街中，已久负盛名。店主为戏剧专业出身，原本只想制作几道创意菜，不料创意灵感竟一发而不可收拾。也正是因为菜品均为创意私房菜，才会轻而易举地打败其他店铺。店中的所有菜品都使用了大量的新鲜蔬菜。

175

图书在版编目（CIP）数据

西餐 / 日本枻出版社编著；王岩译. --海口：南
海出版公司, 2018.7

ISBN 978-7-5442-9353-2

Ⅰ.①西… Ⅱ.①日… ②王… Ⅲ.①西式菜肴—烹
饪 Ⅳ.①TS972.118

中国版本图书馆CIP数据核字(2018)第127397号

著作权合同登记号　图字：30-2017-164
TITLE：〔FOOD DICTIONARY 洋食〕
BY：〔枻出版社〕
Copyright © 2016 EI Publishing CO.,LTD.
Original Japanese language edition published by EI Publishing CO.,LTD..
All rights reserved. No part of this book may be reproduced in any form without the
written permission of the publisher.
Chinese translation rights arranged with EI Publishing CO.,LTD., Tokyo through
NIPPAN IPS Co., Ltd..

本书由日本枻出版社授权北京书中缘图书有限公司出品并由南海出版公司在中国范围内
独家出版本书中文简体字版本。

XICAN
西餐

策划制作：北京书锦缘咨询有限公司（www.booklink.com.cn）
总　策　划：陈　庆
策　　　划：肖文静

编　　　者：日本枻出版社
译　　　者：王　岩
责任编辑：余　靖
排版设计：王　青
出版发行：南海出版公司 电话：（0898）66568511（出版）　（0898）65350227（发行）
社　　　址：海南省海口市海秀中路51号星华大厦五楼　邮编：570206
电子信箱：nhpublishing@163.com
经　　　销：新华书店
印　　　刷：北京天恒嘉业印刷有限公司
开　　　本：889毫米×1194毫米　1/32
印　　　张：5.5
字　　　数：219千
版　　　次：2018年7月第1版　　2018年7月第1次印刷
书　　　号：ISBN 978-7-5442-9353-2
定　　　价：48.00元